流程革命

重塑企業效能的管理之道

企業經營 × 智慧成本管理 × 風險控制與流程

重建打造高效流程實現企業策略經營的利潤之道

成偉 著

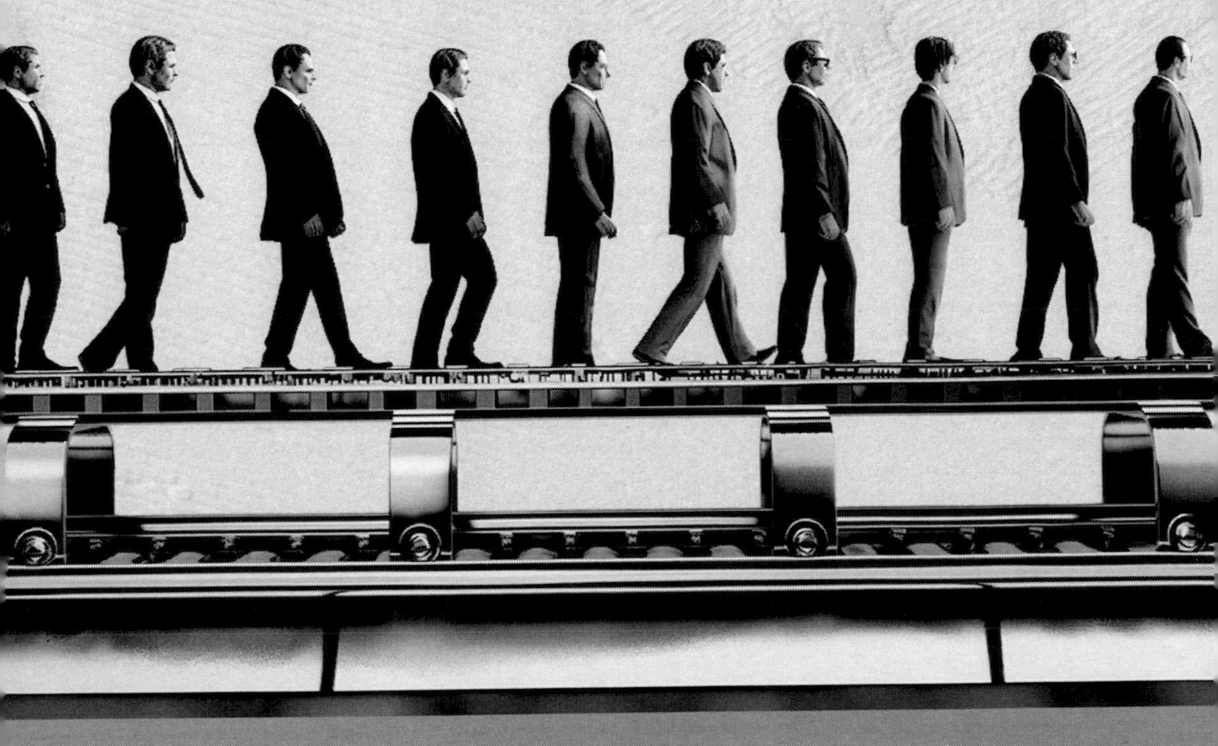

生動描述精益流程管理的核心概念，讓讀者能夠輕鬆理解和應用

以實際案例為基礎，提供構建流程管理體系的詳細步驟

建構以流程為導向的管理架構，提供提升效能的實踐方法

真正實現流程的優化和管理效能的提升

目錄

第 1 章
精益流程管理：提升組織效能的管理革新

第 2 章
流程體系都是設計出來的

第 3 章
確立流程，提升效率

第 4 章
流程執行

第 5 章
流程控制

第 6 章
流程優化

第 7 章
六標準差管理

第 8 章
精實生產管理：建立精細化生產體系的實踐之路

第 1 章

精益流程管理：提升組織效能的管理革新

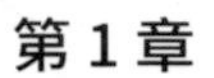

流程概述：定義、特性與構成要素

在企業界，流程被視作為一系列活動的組合，它涉及到了以訊息、技術、文件、人員、資金為代表的諸多投入要素，最終輸出包含產品、服務及決策結果在內的各種客戶所期望的結果。而在企業內部的流程上，它可以被看作為企業組織為了達成某一目標而進行的一系列活動、決策、資訊及物流的集合。

基於傳統分工理論，企業將原有的各種獨立活動按照一定的邏輯關係組合成為企業流程，優秀的企業流程能讓各部門的各個職位上的員工更加高效低成本地完成工作，幫助企業創造更高的價值。需要注意的是，由於企業流程通常存在一定的侷限性（由於當時的技術及管理水準所致），因此需要企業管理者能夠不斷對其進行優化調整。

對於一家企業來說，為了讓自身能夠長期穩定營運，必須設定各式各樣的管理及營運流程。而傳統企業中的管理工作又以職能為劃分依據，採購、市場、售後、財務等各部門往往按照自己職能範圍內的要求開展相關工作。

這就造成了企業的所有業務流程都會因為各種部門的分工而變得離散、混亂，部門之間的溝通合作遇到各種阻力，而且還會出現各種無效率或者低效的工作，最終造成企業喪失主動性與靈活性，在市場競爭中逐漸被邊緣化。

因此，一家企業要想能夠在激烈的市場競爭中存活下來，必須建立起適合的企業流程，透過對流程的重塑及不斷優化來提升企業的整體營運效率，最終有效提升企業的內部凝聚力與外部競爭力。

◈ 流程的六大屬性

雖然不同的流程具有各自的特殊性，但一般來說流程具有六大屬性：

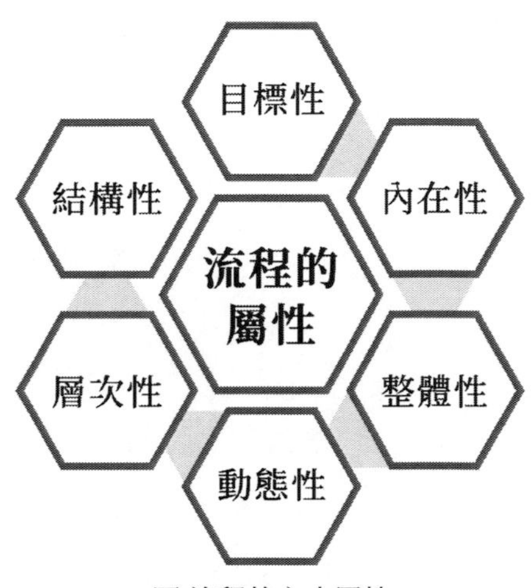

圖 流程的六大屬性

1. 目標性。流程的目標性是指它具備清晰而明確的目標或任務，例如為客戶送貨上門、為客戶提供購物建議等。
2. 內在性。流程的內在性展現在流程可以出現在任何的事物或者行為中。事實上，對於所有的事物或行為，我們都可以從流程的視角進行描述：「輸入了什麼資源，中間經歷了怎樣的一系列活動，為誰輸出了何種結果及價值。」
3. 整體性。它由兩項及兩項以上的活動組成，需要在不同活動之間進行運轉才能實現。
4. 動態性。它強調流程並非是一個靜止的概念，不同的市場環境及企業發展階段，企業的流程會有所不同。
5. 層次性。一套完善的企業流程包含著眾多的子流程，而且子流程也可以被進一步細分，最終分解成為多種不同的活動。

6. 結構性。流程存在著以串聯、並聯及回饋為代表的豐富多元的表現形式，而且由於表現形式的差異，往往會造成其結果有很大的不同。

◆ 流程的八個構成要素

簡單地講，流程就是將一系列輸入轉化為輸出的彼此之間存在相互作用關係的活動。流程的構成要素主要有以下幾種：

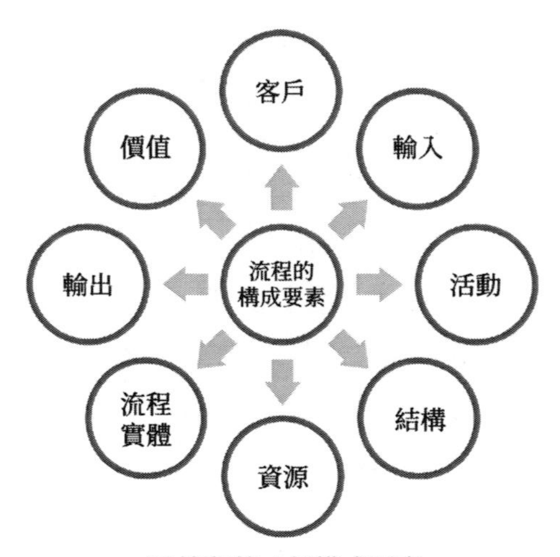

圖 流程的八個構成要素

1. 客戶或供應商。它是流程的服務目標，從流程本身來看，它代表了流程的下一個環節；對外部而言，它代表了企業服務的使用者或者合作夥伴。
2. 輸入。它代表了流程運轉所需要的各種資源，不但涉及到人才、技術、資金等傳統意義上的資源，更包含了計畫、訊息等現代企業參與競爭的無形資產。
3. 活動。流程執行所需要的各種環節。

4. 結構。活動（環節）之間的相互關係，能夠將流程的各個環節整合成為一個整體。
5. 資源。為任務提供支持的人、平臺、資訊系統等。
6. 流程實體。在流程中被作為處理對象的事物，比如訂單、料件等。
7. 輸出。流程運作的最終結果，它展現了流程所創造的價值。
8. 價值。流程能夠為使用者或者合作夥伴創造的價值，大多時候並非僅是展現在直接的物質收益方面，服務水準的提升、推動產業更加健康穩定地持續向前發展等，都是企業流程所創造的價值。

◈ 企業實施流程管理的意義

企業實施流程管理的意義在於它讓企業更好地適應外部環境，可以採用更為先進的管理思想來處理並解決相關問題，降低各部門之間的溝通成本、提升溝通效率，促使員工更加高效地執行企業的策略規劃，透過為使用者或者合作夥伴創造更高的價值，來建立強大的市場競爭力。

流程的標準化及制度化強調企業員工開展的所有相關工作都具備一定的制度依據，所有事情能否達到規定要求或者是否能夠得以順利執行，都要有一套完善的評價體系。

我們日常生活或者工作過程中遇到的每件事，都存在著一定的實現步驟，人們完成每件事都有一個過程。而企業的營運及管理同樣如此，各種標準化的工作流程使得企業能夠持續向前發展。企業的工作流程存在著明確的規範，具體來說，這種規範可以分為兩種：

1. 操作要求規範。它代表了企業的規章制度，比如：要完成哪些事情，這些事情需要依據何種標準或者要求，又該如何對其進行評價等。

2. 操作步驟規範。它代表了企業管理流程，比如：應該如何做事，需要遵循哪些步驟，過程中出現失誤又該如何糾正，採用什麼類型的回饋等。

毋庸置疑的是，實現企業的精實流程管理，需要對企業的流程進行一系列的優化及調整，在這個過程中企業會遇到各式各樣的問題與阻力，對於管理過程中的不規範及不合理的地方要制定優化策略，並且定期進行制度審查或者執行狀態評估，來督促員工及各部門將其真正落實。

企業精實流程管理的實現，將會有效提升企業的整體營運效率及投入產出比，是企業能夠在複雜多變的市場環境中成功突圍的關鍵所在。

流程的困境

至今為止，各企業紛紛將目光聚焦在企業管理方面，開始關注並執行流程管理，這種做法是大勢所趨。因為受各種原因的影響，亞洲企業多集中在發展水準低、技術要求低、耗能高的產業領域，企業競爭也多發生在低階市場上，且競爭帶有強烈的惡意色彩。

再加之傳統的企業管理存在諸多問題，使得企業管理效果不佳，難以幫助企業脫離競爭困境。為此，企業將管理重點轉向流程管理非常必要。

◆ 企業管理中存在的主要問題

目前，亞洲的企業管理中普遍存在以下問題：

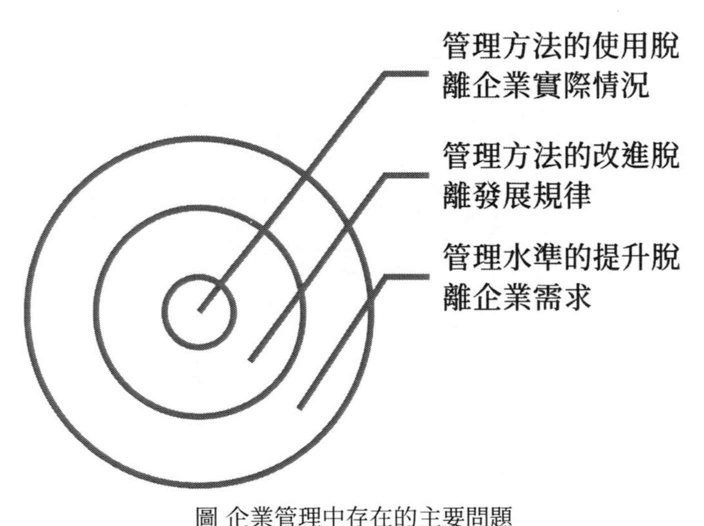

圖 企業管理中存在的主要問題

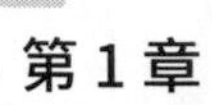

1）管理方法的使用脫離企業實際情況

很多企業盲目追求先進的管理理念及管理模式，忽視了企業的實際營運，對企業管理存在的問題認識不深，單純地認為只要有優秀的管理模式就能帶領企業走出管理困境。更有甚者，將企業管理方法的改進、管理品質及效率的提升視為一種觀念認知方面的問題，使企業管理陷入更加糟糕的境地。

企業的這種做法完全顛倒了企業管理正常的開展順序，企業管理正常的開展順序應該是先發現企業管理現存問題，然後尋找科學的方法予以解決。只有依循這種順序找到的企業管理方法才能真正地幫企業解決問題，提升企業的管理水準。

2）管理方法的改進脫離發展規律

企業的發展自有其客觀規律：首先，在企業建立之初，企業要解決生存、發展問題；其次，企業完成初步發展之後，需要解決的是管理問題，比如員工管理、生產營運管理等等；再次，企業在發展的過程中勢必要面臨競爭，要想在競爭中取勝就要考慮產品品質及成本問題，要解決這些問題就要規範企業生產流程，提升企業生產效率；最後，當企業的競爭環境從低階市場脫離，向高階市場邁進時，企業的核心競爭力就轉移到了技術與品質方面，要解決這個問題就要提升企業的創新能力，優化企業品牌建設。

企業管理方法的改進要想科學、合理，必須依循企業的這種發展規律來進行。而現階段，很多企業的企業管理都如無頭蒼蠅一般，看到一種較好的管理方法就拿來使用，完全不考慮這種方法是否能解決問題，使企業的管理秩序非常混亂。

3）管理水準的提升脫離企業需求

很多企業都是以提升企業管理業績為目標來提升企業管理水準的，採取這種方法，雖然從表面上看企業的管理水準提升了，但實際上企業的管理工作並沒有改進，企業的管理水準也難以稱之為提升。事實上，只有根據企業的實際需求提升的管理水準才能真正地發揮作用，因此，企業管理水準的提升一定要根據企業需求來進行。

總之，企業管理水準的提升不能一蹴而就，要在循序漸進的過程中實現，並且要隨著企業的發展不斷改進。那些將企業管理方法的改進視為階段性任務，試圖透過各種捷徑提升企業管理方法的做法都是不正確的，其結果必然是竹籃打水一場空。

◈ 企業管理中暴露出的流程之困

近年來，流程編制與管理吸引了越來越多的企業注意，其原因在於企業流程管理暴露出很多問題。這些問題的起因多種多樣，有制度與流程脫節、流程管理體系不完善等客觀原因，也有管理者管理不當、執行者隨意更改流程等主觀原因。對其進行整理總結，可將其歸納為分別是管理理念、流程設計、執行管理、支持保障四大方面的原因。

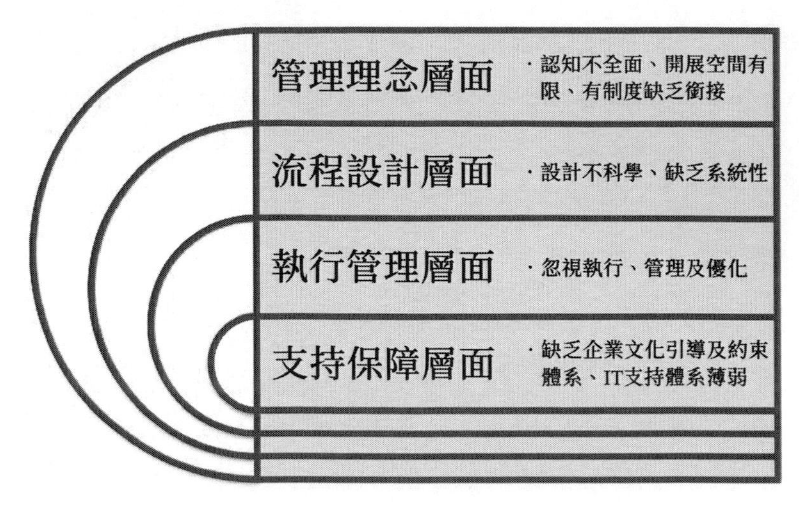

圖 企業流程之困的主要展現

1）管理理念方面

在管理理念方面，導致企業流程管理頻頻發生問題的原因主要有三點：

其一，企業對流程管理的認知不全面。

一味地強調流程管理的重要性，卻不建構真正的流程管理體系，沒有將流程管理落實，使得企業的流程管理流於形式，難以發揮應有的作用。

其二，企業在管理的過程中將制度放在首位，忽視了流程管理。

在亞洲很多企業的管理體系中，制度占據主導地位，管理者多依賴制度進行企業管理，企業的考核體系也多以罰為主，擠壓了流程管理的開展空間，也使得企業的考核體系缺乏激勵。再加之，企業管理者對流程管理的理解不完全，使得下層管理者及基層工作人員對流程管理的價值沒有清晰的認知，對流程管理較為牴觸，使流程應用、優化與管理受到了一定的阻滯。

其三，制度與流程脫節。

很多公司的流程管理方案都是交由外包公司製作的，在提前溝通的時候，企業只強調流程設計，沒有考慮流程與企業現存制度的銜接問題。這種做法產生的最直接的結果就是：外包公司的時間成本及工作量大幅減少；企業流程管理方案的製作成本大幅下降，但流程管理方案卻難以真正落實、應用。

2）流程設計方面

在流程設計方面，導致企業流程管理頻頻發生問題的原因主要有兩點：

其一，流程設計不科學，與企業管理實際現狀相脫離。

科學的流程設計要與企業管理實際現狀相適應，在流程設計方案之外還要附有表單、說明等檔案；為了保證流程設計能有效落實，企業還要對其進行大力宣傳；為了保證流程設計與企業發展相適應，還要對其進行持續地優化。這些工作要一一落實，非對企業管理及業務十分熟悉的人員不可為。

而很多公司的流程設計都是交由專門的管理公司負責的，管理公司的工作人員雖然有專業的流程設計知識及技能，卻對企業管理及業務開展情況知之甚少。在這種情況下設計出來的流程雖然自成一體卻不科學，與企業的管理實際現狀相脫離，可行性大打折扣。面對這種流程，企業員工對其價值產生質疑、拒絕使用也實屬正常。

更有甚者，看到其他公司的流程管理做得很好，就整套照搬照抄，絲毫不考慮企業特性是否相符、企業管理現狀是否相似、員工素養是否相當等問題。採取這種做法，企業不僅難以看到流程管理所取得的效果，還會使現有的管理制度被打亂，得不償失。

其二，流程缺乏系統性。

組織設計的目的是明確分工，使工作開展更加合理，幫助企業獲取結構效益；流程管理的目的則是實現部門及職位合作，提升工作效率。流程缺乏系統性，就會導致部門工作及職位工作銜接不順，爭執不斷，迫使主管陷入溝通、協調等繁瑣的小事之中，影響工作的正常開展及企業的有效運作。

3）執行管理方面

在使用管理方面，導致企業流程管理頻頻發生問題的原因主要有三點：

其一，人員素養難以滿足流程的應用需求。

很多企業都對流程設計高度重視，投入重金聘請專業的流程設計人員，使得設計方案非常「完美」。但流程執行人員的專業素養較差，難以對流程設計進行全面理解，更遑論將流程設計落實了。在這種情況下，流程設計方案只能被棄置一旁，廢而不用。

其二，企業忽視執行、管理及優化。

大多數企業都非常捨得在流程設計方面投入重金，只為獲得一份完美的流程設計方案，但在獲得了流程設計方案之後卻不執行、不管理、不優化。

在執行流程設計方案時，很多企業都崇尚拿來主義。管理公司設計的流程方案企業拿來就用，不向員工宣傳流程管理理念，不對員工進行執行方法的培訓，也絲毫不考慮該方案是否與企業實際現狀相適應，是否存在不妥當之處，是否需要修改、調整等等。如果流程設計方案與企業的執行實際出現偏差，企業最常用的做法就是棄而不用。

其三，流程應用僅流於技術層面。

流程管理對於很多企業管理者來說只是一種說辭、一句口號而已。在流程管理的應用方面，企業最常見的做法就是對外豎起流程管理的旗幟，對內強調流程管理的價值，請管理公司做好流程設計，形成書面檔案，將其完好無損地儲存在書櫃中。在企業實際的管理過程中絲毫不會見到流程管理的蹤跡，員工在開展工作時如需與其他的部門溝通，依然要面臨嚴重的部門溝通壁壘。在這種情況下，企業內部管理成本居高不下，企業執行管理效率低的問題絲毫得不到解決。

4）支持保障方面

在支持保障方面，導致企業流程管理頻頻發生問題的原因主要有兩點：

其一，缺乏企業文化引導及約束體系。

很多企業都存在這樣的問題：部門分化，存在嚴重的溝通壁壘；員工職能僵化；官僚主義盛行等等，這些問題多是由企業文化缺失導致的。對於企業來說，優秀的企業文化能團結員工、激勵員工、提升流程管理的應用效果。相反，如果一個缺乏企業文化，在內部管理方面存在諸多問題，流程管理的執行效果也會受到嚴重影響。

其二，IT 支持體系薄弱。

流程管理的落實與執行需要系統做支撐。如果缺乏 IT 體系支持或者 IT 支持體系過於薄弱，就會使得流程管理流於形式，流程管理體系難以固化，易遭人篡改，影響流程執行效果。目前亞洲多數企業系統管理的應用時間較短，管理水準普遍較低，受企業文化及技術的制約，系統在開發、應用方面存在缺陷，難以對流程管理形成有效支撐，使得流程管理的應用及發展受到很大的制約。

管理就是走流程

流程管理出現於 20 世紀末期，是企業管理的基本功，是當代企業管理中最重要的一個管理部分。現如今，企業發展所面臨的市場環境愈加惡劣，產業競爭愈加激烈，產值利潤空間逐漸縮小，企業管理者紛紛將目光轉移到了「以管理擴大利潤空間」方面，希望能藉助科學的企業管理減少企業內耗、優化企業經營生產過程、提升企業執行效率，進而擴大企業的盈利空間，提升企業的利潤率。這一切成果實現的根源在於企業管理，而在企業管理中，流程管理是最佳切入點。

從本質上來講，流程管理就是一種制度安排。透過合理的制度安排，優化企業結構，疏通企業各項活動的運作流程，提升企業競爭力，擴大企業的利潤空間。

◆ 流程管理：企業運作的基礎

業務流程或者管理流程是一種管理工具及管理方法，其目的是提升業務績效，使組織執行更加便捷、科學、規範、合理、有系統。流程管理就是對這種管理工具或管理方法進行建制、應用、完善、優化的全過程，其目的是簡化組織結構、明確部門職能、減少職能交叉、形成流程循環，提升企業管理品質及效率，縮短流程週期，減少企業運作成本，擴大企業經營運作效率等等。

在現實的企業運作中，這一目的的實現還需要經過梳理企業內部工作、規範企業運作、降低企業執行成本、提升企業服務品質、降低企業損耗、提升客戶滿意度等一系列活動。

對於企業流程管理來說，流程是核心，也是企業運作的基礎，企業業務開展、資訊流通、結果傳送都需要流程的支持，這其中可能會摻雜文件、專案、產品、人員、客戶訊息等諸多內容，如果流程執行受阻、運轉不暢，會使企業的正常運作深受影響。

要想做好企業的流程管理，首先要做好以下幾個方面的工作：縮短流程執行週期，提升企業運作效率；實現精細化管理，提升可控程度；減少流程節點的數量，節省企業運作成本；做好流程節點管理，提升企業管理效率；優化流程管理，實現資源的優化配置；完善制度和規範，使企業的隱形漏洞顯現出來；以系統支持流程實現，降低流程被篡改的機率；完善、規範相關的制度檔案，提升企業運作品質；以品質提升顧客滿意度，使公司實現永續發展。

由此可見，做好流程管理的最終目的就是提升顧客滿意度，提升公司的市場競爭力，提升企業績效，為企業健康、永續發展提供保障。

◆ 管理就是走流程

企業管理的提升要以科學的發展規律為依據，緩步前行。首先，提升企業管理水準要做好流程管理，對企業管理及業務流程進行梳理、優化。簡單來講，流程就是業務及工作開展的順序，是各種資訊在部門間流轉的重要載體，是企業發展的重要驅動力。

對於企業來說，策略目標的制定固然重要，更為重要的是要在明確企業策略目標的過程中，對涉及策略目標實現的業務流程進行重新設計，從而將策略目標的實現滲透到企業員工的日常工作過程中，將策略目標轉化為行動，再以行動推動策略目標實現。

簡單來說就是，企業要透過對業務流程的重組來推動策略目標得以

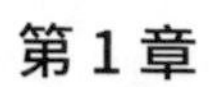

實現。換句話說，企業要以策略目標的實現為導向，對企業流程進行優化設計，將企業各環節緊密串聯在一起，以此為基礎推動企業向前發展。在對企業流程進行優化設計的過程中，企業管理者也能統一觀念，在企業管理方法方面達成共識。

1）流程梳理的主要內容

流程梳理的主要內容包括兩個方面：第一，企業希望藉助流程達到的總目標、階段性目標，流程梳理的主要內容，流程梳理的進度與計畫，流程梳理工作的具體分工、各項工作的主要責任內容、考核方法；第二，制定完整的流程梳理規劃，並將該規劃交由公司董事會或者高階管理者決策。

在流程梳理的過程中，企業要特別關注流程梳理的進度與品質。具體來說就是，在流程梳理的過程中，企業要以流程梳理的階段性目標為依據，確定階段性流程梳理的起點、終點及要點，明確各流程梳理要點中的主要任務及任務過程中的主要活動內容。

2）流程梳理的具體目標

流程梳理的具體目標有以下幾點，分別是：幫助企業實現業務變革，幫助企業完善管理體系，幫助企業解決業務運作過程中的各種問題，提升企業運作效率。具體來說就是，流程梳理要挖掘企業能力、優化企業資源配置、激發員工的工作熱情。企業業務流程的梳理要經過四個階段，分別是準備階段、評估階段、規劃階段及實施階段。

企業所處的發展階段不同，所面臨的問題也各不相同，流程梳理所採取的方法與模式也會有所差異。在這種情況下，企業要想確定流程梳理目標，就要對企業現階段的問題、管理水準、員工水準、企業策略目標進行綜合考慮，不能一味地追逐潮流，使流程梳理目標脫離企業發展現狀。

總之，企業管理方法的選擇要根據企業所處發展階段的需求來確定，要遵循企業發展的客觀規律，要根據企業的發展情況不斷調整。在企業發展的過程中，流程管理是必經之路。企業要想提升管理水準，必須對其管理及業務流程進行梳理、整合。對於企業來說，深入認識流程管理的重要性，合理選擇流程管理方法，對企業提升自我管理水準，抓住機遇，穩步發展具有重要意義。

◆ 企業流程管理的工作內容

基於流程管理的工具特質及方法特質，要想做好流程管理，首先要有一個定位描述，包括流程分析、定義、重定義、優化；時間配置；資源分配；流程品質與效率檢視等等。每一項內容都要由人負責實現，就是要公司的全體員工參與到流程管理過程中來，以人的能動性來推動流程管理的實現。

具體來說，企業要做好流程管理，需要做好以下幾點：

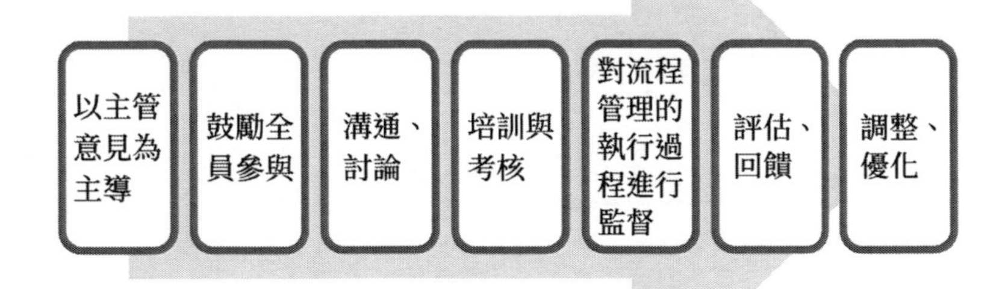

圖 企業流程管理要點

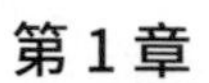

1）以主管意見為主導

流程管理的實現與企業策略的落實、企業文化的宣傳一樣，都需要依靠企業管理者的主導才能實現。因此，企業總裁、各部門主管都要承擔起主導職責，落實推動流程管理，嚴格執行流程管理，使其得以持續優化。

2）鼓勵全員參與

流程管理的執行不僅需要管理者主導，還需要全體員工參與，將其落實在日常工作中。為此，在流程開始設計時，企業就要在內部推廣流程管理，引發全體員工對流程管理的重視，鼓勵全體員工參與，使流程管理得以有效落實。

3）溝通、討論

流程管理要得以有效應用，一個最大的前提就是與企業實際相符合。因此，在進行流程設計之前，企業管理者及流程設計人員要與各級管理者、負責人及員工溝通，找到流程的關鍵節點；在流程設計的過程中，要做好與流程管理執行人員的溝通，確保流程能有效銜接、方向正確、節點設定合理。在流程設計完成之後，要對其進行反覆校驗，對其中不合理、不科學的地方進行優化、調整。

4）培訓與考核

根據企業運作實際對流程進行優化之後，要對流程管理所涉及的各類員工進行培訓，並對培訓結果進行考核，以提升員工的素養與能力，確保流程管理能有效落實。

5）對流程管理的執行過程進行監督

為有效落實流程管理，企業要挑選專門的監督人員，對流程管理的執行情況進行監督，以確保其執行效果。

6）評估、回饋

流程管理在應用的過程中難免會出現些許不合適之處，一經發現就要修改完善；另外，隨著企業的發展，流程管理也會顯露出諸多問題，對於這些問題，相關人員要做到早發現、早解決。同時，企業還要定期對流程進行評估、調整，以保持流程的科學性、合理性。

7）調整、優化

負責流程管理的工作人員要對流程執行過程中暴露出來的問題進行優化、調整，並對相關的配套檔案及制度進行優化，以讓流程與企業執行實狀相適應。

做好上述工作，企業才能建構一套正確的、系統性的流程，流程管理才能真正地得以落實、應用，才能真正地為企業創造價值。

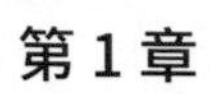

流程管理體系的十個步驟

對於一家企業而言，僅制定了正確的策略目標還不夠，還需要能夠透過有效的手段實現這一目標，這就牽扯到了企業流程問題，如果將企業的策略目標的意義比作為「做正確的事」，那麼企業流程的意義就是「正確地做事」。

如果我們對一家企業的所有工作進行分析，可以發現所有組織成員的時間與精力大部分都是用在「正確地做事」方面，由此可見，流程在企業發展過程中扮演的角色是多麼重要。

在很多國際企業，流程已經被提升至事關企業未來生死存亡的策略高度，並積極推行企業流程管理。下面將對企業流程管理進行深入分析，從而為企業管理者提供充分的借鑑經驗。

◆ 辨別環境

了解企業的內部環境與外部環境是實施企業流程管理的重要基礎。企業對環境因素的了解程度決定了其能否制定出有效的流程管理策略。

通常來說，企業的內部環境因素有企業策略、組織架構、企業文化、規章制度、業務結構、職位配置、團隊成熟度及資訊化程度等。對於一家企業來說，如果這些環境因素不夠清晰、不夠標準，必須先對其進行改造更新，使它們規範化、標準化，這樣才能讓企業的流程管理工作變得更為高效。

企業的外部環境因素有宏觀環境、市場環境、監管政策、供應商、消費需求、技術突破等。對於一家企業而言，如果其中的某種或多種外部環境因素對企業的發展造成了較大的阻礙，那麼企業需要對自身的組織或業務模式進行優化調整，從而能夠適應外部環境。在調整過程中，企業的流程管理可以小範圍地圍繞組織或業務模式的調整來展開。

當然，如果這些因素對企業帶來的阻礙較小，企業能夠很好地處理由此而引發的各種挑戰，此時就可以更大範圍地實施流程管理，最少要能夠達到解決組織內部的矛盾衝突，提升客戶及使用者滿意度的效果。

◆ 明確目標

所有的管理工作都存在著一定的目標，企業流程管理亦是如此。一般來說，企業實施流程管理主要有兩個目的：提升企業營運效率及增加組織控制力。在實際執行過程中，這兩個目的之間也不存在明顯的矛盾，企業不希望為了提升自身的營運效率而喪失組織控制力，更不希望為了提升組織控制力而降低企業營運效率。而那些能夠取得成功的企業，無一不是能夠在提升企業營運效率與組織控制力之間達到了某種平衡。

在流程服務對象方面，可以按照管理層級進行劃分，比如基層、中層及高層；也可以按照部門或系統為單位進行劃分，比如採購部門、財務部門、IT 系統、行銷系統等。服務對象的差異，對其流程層次的深度具有較大的影響，以將管理層級作為流程服務對象為例，針對高層一般只需要劃分到二級，針對中層則需要劃分到三級或四級，對於基層可能需要劃分到五級或六級。

當然，企業管理者需要明白的是，企業流程管理並非強調對流程管理進行過度細化。毋庸置疑的是，管理工作的開展必然需要企業付出一定的成本，其管理工作做得越多，對企業的成本造成的負擔就會越大，也將對企業流程管理的落地產生較大的阻力。

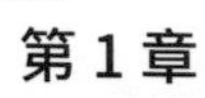

從企業的實踐過程中，可以發現大部分的流程管理的目標都會涉及到企業策略、資訊化、內控系統、風險管理及集團管控等。而建立在內控系統及風險管理基礎上的流程管理體系在結構方面更為全面、更為完善，它可以幫助組織成員更高效地理解、執行及推動企業的相關表單及制度、流程結構、流程描述等。

更為關鍵的是，這種流程管理體系能有效提升財務報表的精準性，並且使組織成員的工作更為規範化、降低企業的資金風險，促進管理層科學決策等，在企業的實踐過程中往往具有十分良好的效果。考慮到企業流程管理對流程體系建設的系統性、科學性、嚴謹性等提出了極高的要求，企業在實踐過程中可以優先嘗試打造以內控系統或風險管理為基礎的企業流程管理體系，並根據自身的體質要求做出相應的調整。

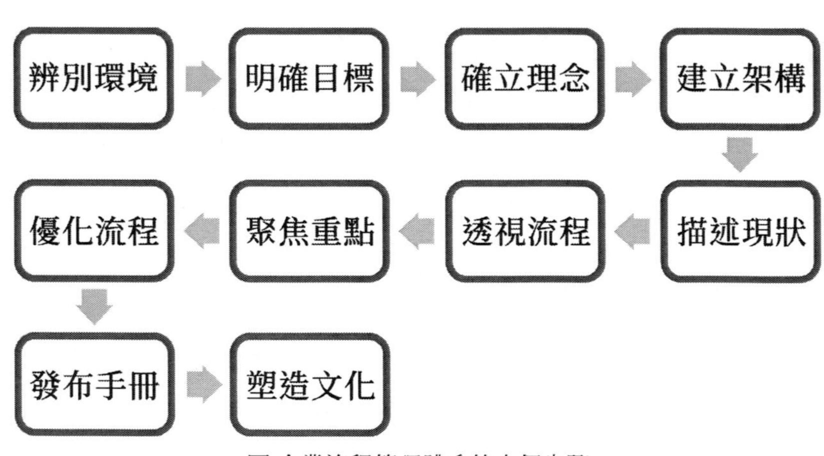

圖 企業流程管理體系的十個步驟

◆ 確立理念

流程管理與傳統的職能管理的管理理念之間的差異可謂是兩者之間最大的區別。傳統職能管理強調等級及規則，而流程管理則強調為客戶服務、為客戶創造價值，兩者的這種差異在企業文化上往往能夠得到直接展現。

流程管理十分注重組織的扁平化，而且透過以智慧手機為代表的行動裝置，組織的扁平化及去中心化已將可以輕易實現，雖然處於不同的區域，但藉助於社交聯絡工具，人們可以實現即時線上交流，這就使得企業的每一個流程都能成為一個自組織，有效提升了企業各部門之間的溝通效率及企業整體營運效率。

流程管理所強調的服務客戶不僅是指外部的客戶，同樣包括內部客戶，它包括與組織成員所處流程直接相關的成員或部門。外部客戶作為購買企業產品及服務的消費者，為他們創造價值是再正常不過的事情，因為企業的利潤是建立在為客戶創造價值的基礎上。

無論你在組織中的扮演的角色或地位有多麼重要，都應該向服務外部客戶一般為內部客戶服務，因為你的工作效率及成果將會對下一環節的員工或者部門產生一定的影響，在一個大型企業內部，某一流程的細小環節出現問題，經由一個龐大的企業流程放大後很容易導致嚴重的後果。

◈ 建立架構

流程架構的建立需要耗費大量的時間與精力，由於流程架構是企業流程體系的第一步，其對企業流程管理能否得以真正落實將產生直接影響，一個優秀的流程架構對於組織成員以及對於流程的執行也能產生十分良好的推動效果。

適合企業流程管理的流程架構通常可以分為以下三種類型：

圖 適合企業流程管理的流程架構的基本類型

- 策略發展類流程，其主要面向的是企業的董事會及社會；
- 核心業務類流程，其主要面向的是市場及客戶；
- 經營管理類流程，其主要面向的是企業的核心業務及經營人員。

這三種流程相互促進，它們維持著企業日常工作的順利開展，為企業建立內部凝聚力與外部競爭力，共同推動企業的健康穩定、持續發展。

在流程架構建構完成後，通常還要設計一個流程目錄。需要注意的是，雖然流程架構與流程目錄存在著通用格式，但在實踐過程中，企業應該根據自身的實際情況與市場特點進行一定程度地優化調整，在核心業務方面應該尤為注意，設計人員可以使用企業員工比較熟悉的名字及規則進行設計，這樣才能便於員工更好的理解及執行。

◆ 描述現狀

描述現狀的目的是為了清晰地展示當下各個流程系統的執行狀況，從而幫助流程管理人員進行進一步的調整及優化。從本質上而言，流程是某種職位的員工根據特定的管理目標，來輸入相關資源、開展某種工作，最終達成某種成果的連續過程。

一般說來，企業普遍採用的流程現狀描述方式可以分為四種類型：訪談式、問卷式、模板式及數據式。由於訪談式與問卷式具有更高的開放性，其資料更為客觀、公正，受到了許多國際企業的青睞。

◈ 透視流程

畫流程圖是一種對流程透視的有效手段，它可以讓一些隱性的業務流程變得顯性化。繪製流程圖的方式十分多元化，業界普遍採用的繪製流程圖的軟體主要有 Office 軟體及以 VISIO 工具為代表的專業流程繪製軟體。

繪製流程圖時要注意以下幾點：

- 從高流程向低流程繪製，並且盡量弄清楚流程之間的關係；
- 對每個流程的開始及結束予以明確，找到其中的關鍵點；
- 將活動的執行者具體到每一個職位中的人；
- 明確企業流程的核心輸入及輸出；
- 使用通用流程圖語言進行描繪；
- 流程圖應該要能夠讓員工輕易發現無效率或者效率較低的活動；
- 為流程的改進及相關技術的優化提出有建設性的意見。

◈ 聚焦重點

很多龍頭企業的架構往往就是將自身的資源與精力集中到某一細分領域，透過極致與專注贏得消費者的認可，這對於企業的流程管理亦是如此，在實施企業流程管理的過程中，企業管理者需要把握重點。

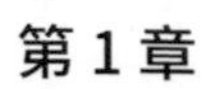

不難想像，在實施企業流程管理過程中，有些問題能夠在較短的時間內得到有效解決，而有的問題則需要透過跨部門溝通協調，並耗費巨大的時間成本才能得到解決。所以，企業管理者應該重點關注的往往就是這些需要進行跨部門溝通交流才能解決的問題。

事實上，在企業流程管理持續推進的過程中，作為一個管理層不應該過度依賴流程圖，而是要站在全面性的角度上分析企業現狀，對管理方式及手段進行有效調整，以提升企業的管理效率及效果為目標，盡可能地找出那些影響員工工作效率的環節，並加以改善。

◆ 優化流程

流程優化需要從以下三個方面來進行：

1. 規範化，將以前組織內部用不規範的語言進行的活動建立明確的規範，為員工此後開展相關活動提供制度支撐。
2. 成果化或表單化，企業的所有流程都應該有明確的輸入及輸出，而且在企業發展過程中，要不斷提升輸出標準，從而有效提升員工的工作效率及價值創造能力。
3. 資訊化。在網際網路時代，以往的散亂的資訊成為了當下寶貴的無形資產，在企業流程管理實施過程中，蒐集分析並利用資訊可以極大地提升管理效率及精準性。這與當下越來越多的企業利用大數據進行企業管理的趨勢高度契合。

雖然大數據在企業管理過程中的具體效果還未得到真正展現，但從大數據在使用者需求把握、產品研發設計與資源調整等方面所發揮的作用來看，其未來必將在企業管理中爆發出巨大的能量。

◈ 釋出手冊

企業流程管理不能空喊口號，而是要使其盡量在最短的時間內得以落地，並能夠持續執行。

流程明確後，要為其每一個節點找到負責人，如果管理變革存在著較大的阻力，企業管理者需要考慮是否要對目前的組織層級結構進行調整，可以嘗試使用流程負責人來代替傳統的職能層級，透過任命流程管理職位來對流程管理的作用及地位進行突出強調。

企業的管理者對於新流程的發布要予以足夠的重視，召開全組織成員參加的流程大會，並公布新流程手冊。事實上，流程手冊釋出完成後，通常就意味著流程設計的工作已經進入尾聲，下一階段的工作重點是推進流程管理的實施及執行。

為了確保方案與企業有較高的契合度，通常會為其設定一段試行期（通常為 6 至 12 個月），在這一時期，相關方案可能會出現較大幅度的更改，但其依據必須是解決了某種問題或者是為了配合企業的業務。

◈ 塑造文化

對於員工而言，企業嘗試實施的所有新模式及新工具，都會讓員工產生一定程度的不適應感，如果企業的員工以年輕人為主，這種不適應感通常相對較低，否則很容易導致內部矛盾。所以，為了讓組織成員能夠接受流程管理，企業需要嘗試將其融入到企業文化之中。

當企業宣布開始在內部實施流程管理後，就象徵著這種新的思維、新工具開始在企業內部生根發芽，如果企業員工積極配合就意味著它能夠在優良的生長環境中發展壯大，反之很可能會枯萎。將流程管理融入到企業文化中，並不意味著對企業原有價值觀及企業願景的否定，而是

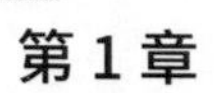

讓這種富有活力的新生事物在企業的相關工作中得以應用。

企業管理者可以嘗試在遇到管理方面的問題時，從流程的視角對問題進行分析，並透過對流程進行優化改善來解決這一問題，雖然在剛開始時這會耗費較高的時間成本，但長此以往，所有的組織成員都會養成用流程解決問題的習慣，此時也就意味著企業流程管理獲得了成功。

如何建構體系？

要想提升企業的管理水準，首先要理順企業現有的管理體系。因為只有「理清楚」，才能有的放矢地進行管理，才能做好後續的持續優化工作。而企業現有管理體系的整合與流程管理密不可分，因為只有疏通業務流程，才能確立員工的職位職責及工作內容，才能為後續管理工作及持續優化工作的開展奠定良好的基礎。

◆ 建構流程管理機構

要想使用流程管理對企業的管理體系進行整合，解決管理體系孤島問題，首先要在企業內部建構一個統一的流程管理機構。對於這個流程管理機構，企業可以單獨設定，也可以將流程管理的權責交給企業現有的某個部門，而執掌流程管理權責的這個部門就要承擔起以流程管理整合企業現有管理體系的責任。

無論是專門的流程管理機構，還是被賦予流程管理權責的部門，其主要任務不是設計企業的業務流程，而是以流程管理對企業現有的管理體系進行整合，使其實現規範化。具體來說，其主要職責有五點：一是規範流程描述；二是完善流程管理架構；三是規範流程及制度的發布機制；四是規範管理流程的變更；五是規範流程執行情況的監控。

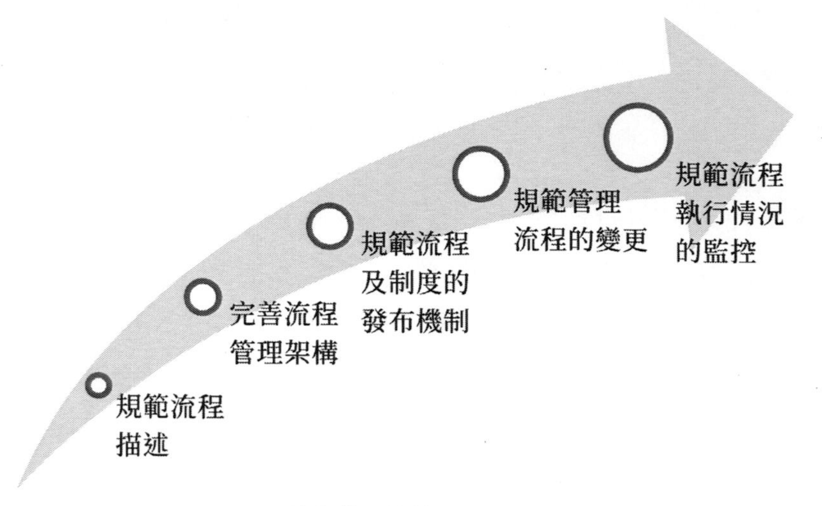

圖 流程管理機構的主要職責

舉個實際的例子，比如，企業供應鏈管理組織想要改變出貨流程，在實行流程管理之前，該組織可以直接將修改之後的流程交由出貨部門，要求出貨部門更改。

而在實行流程管理之後，供應鏈管理組織首先要向流程管理部門遞交出貨流程更改申請，流程管理部門收到申請之後，將與出貨流程變更有關的人員彙集到一起，對出貨流程變更方案進行協商。在各部門人員針對出貨流程更改這一問題達成共識之後，流程管理部門統一發布出貨新流程，並對新流程的執行情況進行監督。

透過這種方法，企業管理體系孤島問題能得以有效解決，新流程的執行情況也能得以有效保證，可謂是一舉兩得。

如果企業不單獨設立流程管理機構，那企業的哪些部門能承擔流程管理職責呢？從現實情況來看，企業通常會將流程管理職責賦予經營企劃部、內控部及IT部這三個本身就能進行全面性管理的組織。分析以下：

1. 經營企劃部的主要職能就是制定各種規章制度及考核體系，幫助企業實現規範化管理，在體系整合方面具有先天優勢。基於此，企業將流程管理及體系整合職責賦予該部門也理所應當。
2. 隨著資訊化管理系統在企業的普及應用，IT 系統與企業管理體系不斷融合，IT 部門也與企業策略目標的實現過程及策略計畫的應用過程逐漸融合。在這種融合趨勢出現之後，很多企業都對 IT 部門進行了重新定位，賦予其流程管理職責，將其更名為「流程及資訊管理部」。
3. 企業內控部門成立的主要目的就是對企業風險進行全面管理，對企業各種管理體系進行風險控制是其職責之一。因此，有的企業也將流程管理交由該部門負責。

為了突顯流程管理在企業管理體系中的地位，強化各部門的流程管理職責，企業對相關部門負責人的職銜進行了重新命名，稱其為「首席流程長（CPO, Chief Process Officer）」、「首席流程及風險控制官（CPRO, Chief Process and Risk Officer）」或者「首席流程及訊息長（CPIO, Chief Process and Information Officer）」等等，使流程管理機構的建構更加重視。

◆ 規範流程描述

面對同一個流程，因描述主體不同，描述時間點不同，再加之沒有一套規範的描述語言，流程描述結果自然會出現較大的差異。

例如，對「供應商詢價」這個流程節點進行描述，將其描述成「向供應商詢問材料價格」的情況也有，將其描述成「向供應商詢價」的情況也存在。對於負責該工作的職位名稱，將其描述成「採購助理」或者「採購業務助理」都不足為奇。

然而，不同的人對這兩種不同的職位描述會產生不同的理解，有的人會將這兩種職位描述視為一個職位，有的人則會將其分開，視為兩個職位。如果 IT 系統開發人員以這兩種不同的描述為依據來開發系統，就會出現很大的問題，畢竟「一個職位對應一種權限」與「兩個職位對應兩種不同的權限」的差異非常大。

此外，受流程描述沒有規範性語言的影響，各部門在討論同一個流程問題時，由於描述偏差及理解偏差，經常會發生歧義。即便有的時候大家針對某個流程問題達成了共識，這個共識也是在「自我理解」的基礎上達成的，在落實的時候又會發生爭執。

為避免這些問題的出現，流程管理部門的第一要務就是規範流程描述語言，並監督其落實、執行。

◆ 制定流程手冊，完善職位職責

無論企業的管理體系多麼複雜，企業的管理理念如何多元化，其業務流程都只有一套，並且這套業務流程應覆蓋企業所有的管理體系，能對其體系進行整體地梳理。企業員工各項工作的開展只要以這套流程手冊為依據，就能滿足企業運作的所有要求。

對於管理體系的整合來說，流程手冊及職位職責的制定與完善是其成功的重要依據，其主要目的就是藉助業務流程對企業繁雜的管理理念進行整合，使其能在每個流程步驟開展的過程中發揮作用，將各種管理理念落實，真正實現精細化管理及標準化管理的目標，優化企業管理，提升企業管理品質。

企業制定各種規章制度的主要目的就是確立員工職責，規範員工的行事方法，但各項工作的執行者深受管理體系孤島的影響，對自身職責及工作內容認知不清，使得員工貫徹執行的效果大打折扣。

業務流程管理為上述問題的解決提供了很好的方向。業務流程管理使整個管理體系的輸入與輸出發生了很大的變化。在以前，各個管理體系的相關制度文件是輸出，其功能是指導員工開展工作；現如今，這些制度文件是輸入，其功能是建立完整的流程體系，以流程體系實現管理體系的整合，輸出流程手冊及職位職責，為企業員工工作的開展提供指導。

◆ 建立資訊化流程管理平臺

如果沒有資訊化流程管理平臺的幫助，僅依靠人工管理，以流程管理實現管理體系整合的任務很難完成。具體說來，資訊化流程管理平臺的功能主要有兩點：一是匯聚企業所有待建立、待修改、待釋出的業務流程，使其得以落實；二是生成流程手冊及職位職責，為員工工作的開展提供指導。

在資訊化流程管理平臺建立之後，在 IT 技術的作用下，不同管理體系能實現協調工作，進行有效整合；在資料技術的作用下，藉助功能設定、權限設定及工作流向設定，流程管理能實現規範化、固定化，管理體系的整合效率及品質能得以有效提升，流程設計、更改、查詢的效率也能更高。

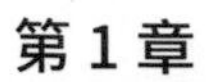

實際演練

在產業競爭不斷加劇、產品更新疊代週期大幅度縮短的背景下，對於流程管理的重要性很多企業已經有著深刻的了解，但對於如何打造流程管理體系並將其有效執行很多企業始終未能找到合理的解決方案。

在分析企業界諸多成功案例的基礎上，可以總結出一套建設企業流程管理體系的有效解決方案，下面將對其加以分析：

◆ 建立流程分類架構

美國生產力與品質中心（American Productivity and Quality Center, APQC）及其會員公司提出的流程分類架構（Process Classification Framework, PCF）在企業的流程管理體系建立中的應用十分普遍，從本質上看，它屬於一種企業流程的分類法則。

流程分類架構將管理流程分為兩種類型：營運類與管理類。這兩種類型又可以細分為很多流程群組。前者可以被分為夠描繪願景、制定策略、產品及服務的研發及優化等五項流程群組；後者則被分為開發人力資本、管理人力資本、資料技術、知識管理等七項流程群組。

流程群組可以繼續進行細分，最終將劃分出 1,500 多個作業流程及相關作業活動。流程分類架構被業內人士定義為一套以流程績效改善為目標，透過實施流程管理及標竿分析，而且不受區域、產業及規模限制的通用標準。

在大型企業尤其是大型製造企業中，通常會將流程分為三種類型：策略流程、營運流程及後勤支援流程。在這三種類型的流程中，營運流程扮演著核心角色，它涵蓋了包括企業研發、生產、行銷、銷售、物流、售後等諸多環節。

在流程管理分類架構中，流程將被分為三個層級：

1. 一級流程。它直接展現在企業價值鏈的構成中，是一種高階流程，也是企業的核心流程，通常來說，企業的一級流程主要有：產品開發流程、客戶關係管理流程、訂單到交付流程等。
2. 二級流程。二級流程是對一級流程的核心流程上進行細分後得出的中階流程，以產品開發流程為例，企業普遍將其劃分為市場策劃流程、專案研究流程、產品設計流程及實驗驗證流程等多種二級流程。
3. 三級流程。它是一種對二級流程進行細分後得出的由各種子流程及業務活動組成的低階流程，通常是具體的執行及審核。

◆ 建立分級管控的流程型組織

想要打造出流程型組織，必須要對現有的管控模式進行變革，實現流程的分級管控。很多企業在內部也設定了負責流程管理的相關部門，但有的企業因為沒有相關的人才，導致發揮不出實際效果，還有的企業雖然高薪聘請了人才，但沒有給予其足夠的權力，不但沒有取得預期效果，反而增加了人力成本。

流程型組織不僅單純的依賴流程管理部門，它將由企業高層擔任流程最高決策機構，並在每個部門內部設定流程負責人（通常由部門經理擔任）及流程職位。大型企業的流程型組織機構可以分為三個層級：

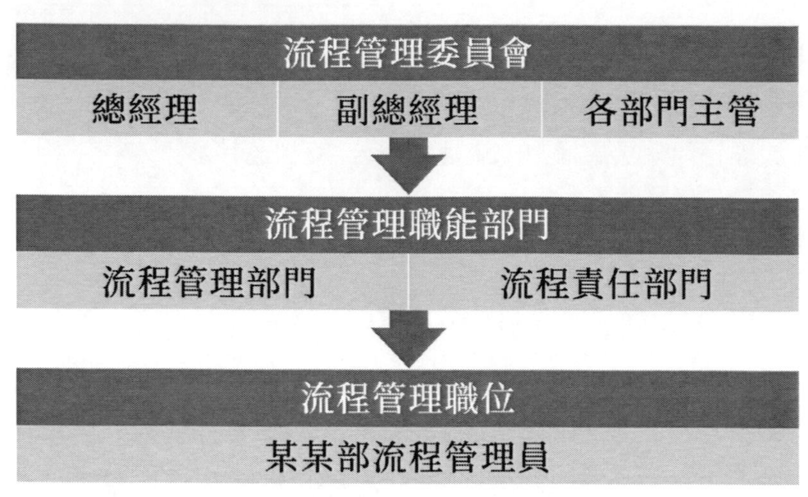

圖 流程管理組織示意圖

1）流程管理委員會

它是流程管理的最高決策機構，其成員主要包括公司總經理、副總及各部門主管等。

2）流程管理職能部門

該部門分為流程管理部門及流程責任部門。前者負責對企業流程進行全面性管理，需要有專業的相關人才，從而有效指導並監督各部門進行流程管理。同時，還需要制定流程管理制度，對組織成員進行流程管理培訓等。

流程責任部門又被稱之為「流程擁有者」，它是每個細分流程的主責部門，對行銷管理流程來說，其流程責任部門就是公關部門。之所以會選擇建立流程責任部門，最為關鍵的就是因為該部門與流程關係更為密切，能夠根據企業業務或者策略計畫的需求，向上級回饋流程優化建議並推進流程優化調整政策的實施。

3）流程管理職位

通常就是在每一個部門分別設定部門管理員，由於其工作量相對較小，一般就是由該部門的現有員工兼職，其職責是負責部門內部的流程管理，並協助整個企業流程的建立、改善及終止等。

打造出實現分級管控的流程型組織後，就能夠變革傳統的職能管理模式。流程管理部門負責制定相關的規則，並對企業的核心流程進行管理，各部門的部長及流程管理員協助流程管理部門共同實施企業流程管理及優化，有效促進了各部門之間的交流合作，打破溝通壁壘，最終使企業完成從職能管理向流程管理的轉變。

◆流程管理系統的設計與實施

流程最終能夠真正執行必須對其實施資訊化，使企業組織的所有成員能夠在開放型的平臺上開展工作並執行相關流程，使各個環節的執行能夠透過即時更新的數據及時顯現出來，從而增強流程管理部門對企業營運流程的管控能力，及時找到流程營運過程中出現的問題，並督促相關人員及時糾正。

不難發現，資訊化系統在流程型組織中扮演著十分關鍵的角色，目前企業界目前採用的流程資訊系統主要有 OA（Office Automation）、ERP（Enterprise Resource Planning）及 SRM（Supplier Relationship Management），在流程的選擇方面很多企業也顯得十分迷茫。

對於大型企業而言，可以先將對某一二級流程為試點，獲取了足夠的經驗後，再在企業內全面實施。以採購流程為例，流程管理部門要制定出採購計畫評估管理流程、採購定價管理流程及供應商評價管理流程、採購訂單執行管理流程等。

IT 部門、採購部門及流程管理部門之間要進行密切溝通，採購部門要將自身想要實現的資訊系統功能回饋給 IT 部門及流程管理部門。針對這些資訊系統功能選擇合適的資訊化系統。

通常情況下，二級流程一般不會採用 OA 系統，因為該系統大多應用至三到五級流程中的簽核，而且其核心功能就是為了出示單據，最常見的就是稽核某一流程是否能夠通過，比如員工請假、會簽等。

二級及一級流程往往需要 OA 系統、ERP 系統及 SRM 系統等共同實現。以採購定價管理流程為例，該流程需要藉助 OA 系統對價格進行簽核，而價格等相關數據又需要儲存在 ERP 系統中，供應商的成本等數據則由 SRM 系統負責管理。

目前，企業界應用較為普遍的資訊系統是 ERP 系統，但鮮有企業能夠取得預期效果。之所以會出現這種問題，相當程度上是因為在國外已經十分成熟的 SAP、ORACLE 等 ERP 軟體能夠充分發揮其最大效果的前提是企業實現了規範化管理，它要求目標企業具備系統而完善的作業流程，並對營運數據實現標準化及規範化，而目前絕大部分企業做不到這一點。

所以，企業在引進海外優秀的資訊系統的同時，也要完成對企業營運模式的轉變，對現有的企業流程實施優化改造，只有這樣才能使資訊系統發揮出預期效果，從而為企業的流程管理體系建設的持續推進提供強而有力的支撐。

流程為導向的管理架構

從管理的角度看，一家企業所進行的經營及管理活動都可以被看作為某種過程，透過對過程進行管理，可以賦予流程更多的管理要素。實踐中，很多企業往往用過程管理來取代組織管理，最終實現企業流程管理。

◆ 基於流程的組織管理架構

以流程為核心的組織管理架構要求：基於流程正常營運所需要的基本要素，並結合企業營運及管理實踐過程中出現的邏輯，來完成以流程為核心的管理系統整合。

管理體系整合的原理為：將企業組織管理體系中的要素之間存在的邏輯關係進行整合，打造出迎合企業發展策略需求，適應企業組織制度體系及企業文化，藉助資訊化系統、績效考核體系及監督評價機制，來對其不斷進行優化改善的組織管理架構。該架構要求以流程為執行核心，架構內的各個組織管理體系之間相互關聯、共同維繫整個管理架構的穩定。

以流程為核心的組織管理架構的邏輯構成可以用下圖來表示：

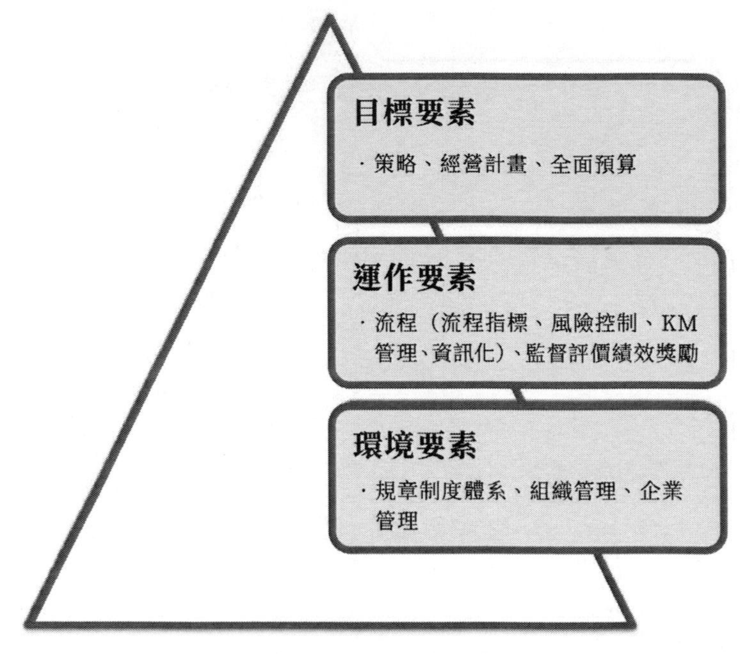

圖 基於流程的組織管理架構

事實上，整個組織管理架構可以被看作為流程管理較高層級的應用，流程管理的重點並非僅是管理流程本身，而是能夠將流程管理思想及理念深入到組織管理的過程中，藉助流程圖等形式直接將企業業務精細化、顯性化，從而打造出適合自身策略發展需求的以流程為核心的組織管理架構，在控制企業風險的同時，更能有效提升企業效率，促進企業的長期穩定健康發展。

◆ 基於流程的組織管理架構主要功能介紹

組織管理架構是一種以對流程實施系統化管理視角為核心的管理架構。它不但是企業實施組織管理的綜合平臺，更是組織的管理知識系統，藉助於該架構，企業各個職位上的員工都能了解自身權利與責任，並且實現了所有組織成員之間的管理訊息的快速流通及即時交流，為實現企業的策略目標及創造更高的利潤打下了堅實的基礎。

從企業管理者的視角看，以流程為核心的組織管理架構可以被視作為能夠讓管理者在組織管理過程中進行有效參考的指導書。它不但讓管理者能夠把握自身的管理重點，透過該管理架構快速掌握對企業的管理現狀，進行有效監管；而且能夠使企業管理者以企業的策略目標及風險評估報告定位出企業發展過程中的核心風險要素及業務流程，讓管理者集中自身的時間與精力投入到關鍵管理環節，全面提升企業的管理效率，並降低管理成本。

從執行層管理人員的視角看，以流程為核心的組織管理架構可以被視作為執行層管理層人員的一份管理地圖。由於該組織架構能夠讓管理人員根據自身的角色定位及管理職能，了解自身所具備的策略目標、涉及的流程、風險控制的重點、需要的 IT 系統等，能夠協助高層管理者將企業的管理體系真正落實。

從基層員工的視角看，以流程為核心的組織管理架構可以被視作為指導員工工作的一張工作全景圖。該架構對員工在組織流程中的定位、權責、回饋、工作標準、規章制度、薪資待遇及職業發展規劃等都能有一個全面的認識。

藉助於該架構，企業的組織管理將更趨人性化，企業能夠為員工提供更多的便利，提升員工的工作效率，它直接將員工進行相關工作所需要的一系列流程進行具體化，讓員工清晰地認識到自身的工作及價值創造會對整個組織所產生的重大影響，並且指明了員工的升遷路徑，提升員工對企業的忠實度及歸屬感，從而更加積極主動地為使用者創造價值，最終有效提升企業內部凝聚力及外部競爭力。

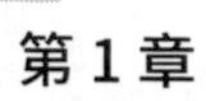

◆ 基於流程的組織管理架構組成要素

為了充分保證企業組織的整體性、互補性及科學性，企業的組織管理架構中需要加入機制性設計及結果性要素。具體來看，該架構中的各項要素主要包括以下幾種：

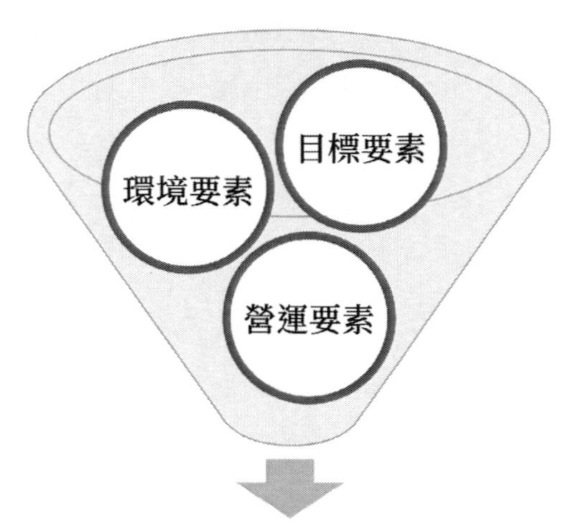

圖 基於流程的組織管理架構組成要素

1. 目標要素。它包括企業的策略目標、全面預算及經營計畫等，能夠幫助企業解決營運及管理實踐過程中應該做什麼、如何做、依據什麼做等方面的問題。
2. 環境要素。它涉及到企業的組織管理、企業文化、規章制度等，為企業確立每一個職位員工的職責，改善員工的管理環境及管理氛圍，提出組織內部管理要求及作業行為規範等。
3. 營運要素。它涵蓋了企業流程及其指標、知識、資訊化、風險管控、績效獎勵及監督評核機制等。它確立了企業的策略應該如何執行及考核，如何提煉資深員工具備的先進工作方式及技巧，提升組織執行效率，定位風險要素並進行有效控制，促進企業價值分配的公平性與合理性，對組織管理架構進行不斷優化及調整等。

流程是串連各個管理模組，並深化管理模組之間的邏輯關係的重要保障，透過打造以流程為核心的組織管理架構，能夠在企業內部形成科學而完善的組織管理體系，從而為實現企業的精實流程管理打下堅實的基礎。

以流程為核心的組織管理架構，從流程的視角對組織策略及組織管理進行精細化，從而為企業定位出了核心流程、規章制度、風險管控機制、監督評核體系等。藉助於監督評核體系在企業內部的推廣，組織成員的工作效率及積極性得到有效提升，透過為員工打造良好的管理環境及氛圍，在企業內部形成良性競爭。員工能夠將自身在工作過程中累積的數據及工作經驗、技巧等分享給其他組織成員，從而實現企業價值最大化。

第 2 章

流程體系都是設計出來的

以企業策略為導向的框架

企業進行流程管理是為了實現策略目標，因此，策略目標能對流程設計造成決定作用。兩者之間的關係可以概括為：流程體系幫助策略目標體系落實，策略目標體系根據流程體系的實施情況進行調整。

◆ 流程整體架構設計

流程整體架構包括三個組成部分，分別是流程地圖、流程區域矩陣、核心流程。企業要想設計一個科學的流程整體架構，首先要引起高層管理者的重視，吸引高層管理者參與。

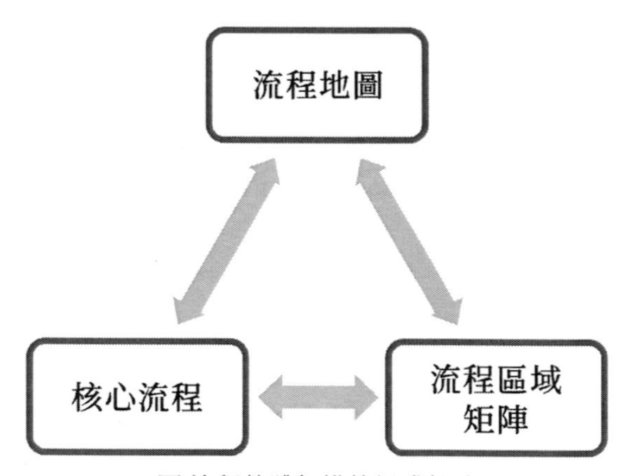

圖 流程整體架構的組成部分

1）流程地圖設計

企業為了實現策略目標，必須設定許多專業化的管理職能，這些職能組合在一起拼湊成的「畫面」就是流程地圖。這個「畫面」的布置效果對企業策略目標的實現有直接影響，因此，流程地圖的設計必須要有企業高層管理者參加，要在企業高層管理者的指導下進行繪製。

流程地圖上顯示出來的各個職能有一個專業的名稱，叫做「流程區域」，比如圖 1 中的「倉庫日常管理」就是一個流程區域。

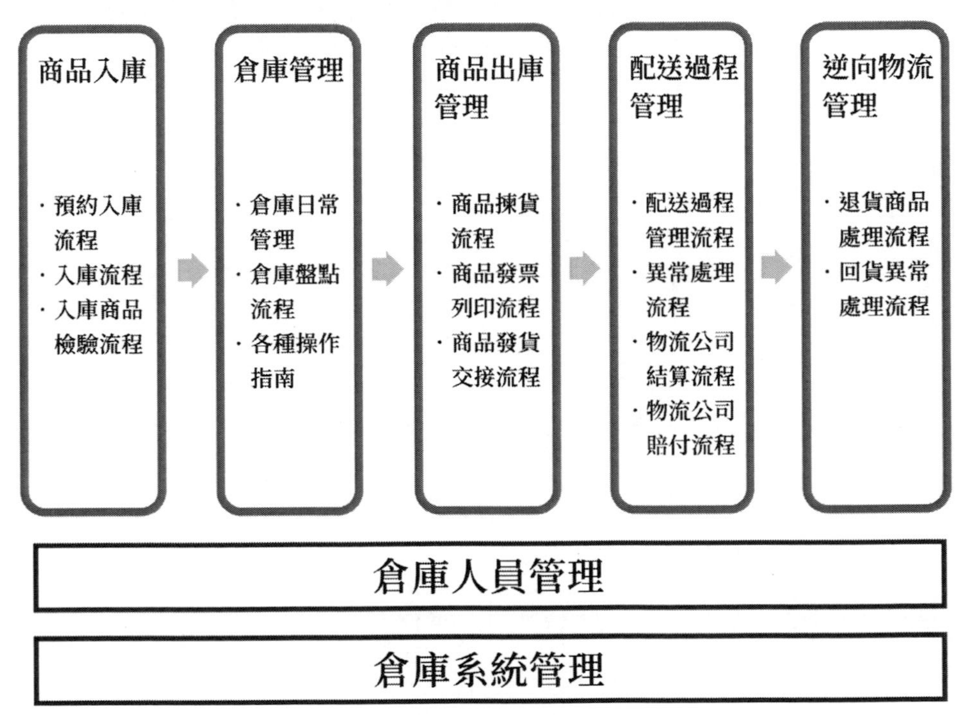

圖 流程地圖範例

2）流程區域矩陣設計

流程區域矩陣設計的對象是流程地圖上顯示出來的流程區域，該區域設計要從區域管理對象設計和區域管理過程設計兩個方面來完成。管理對象設計要解決該職能的管理範圍問題，管理過程設計要解決該職能的管理方法問題。為了確保流程區域矩陣設計的正確性，企業高層管理者必須參與其中。

流程區域矩陣的產出被稱為企業流程「積木塊」，比如圖 2 中的「燃料入庫流程」、「採購立項流程」就是「積木塊」，眾多「積木塊」疊加共同構成了企業流程管理。

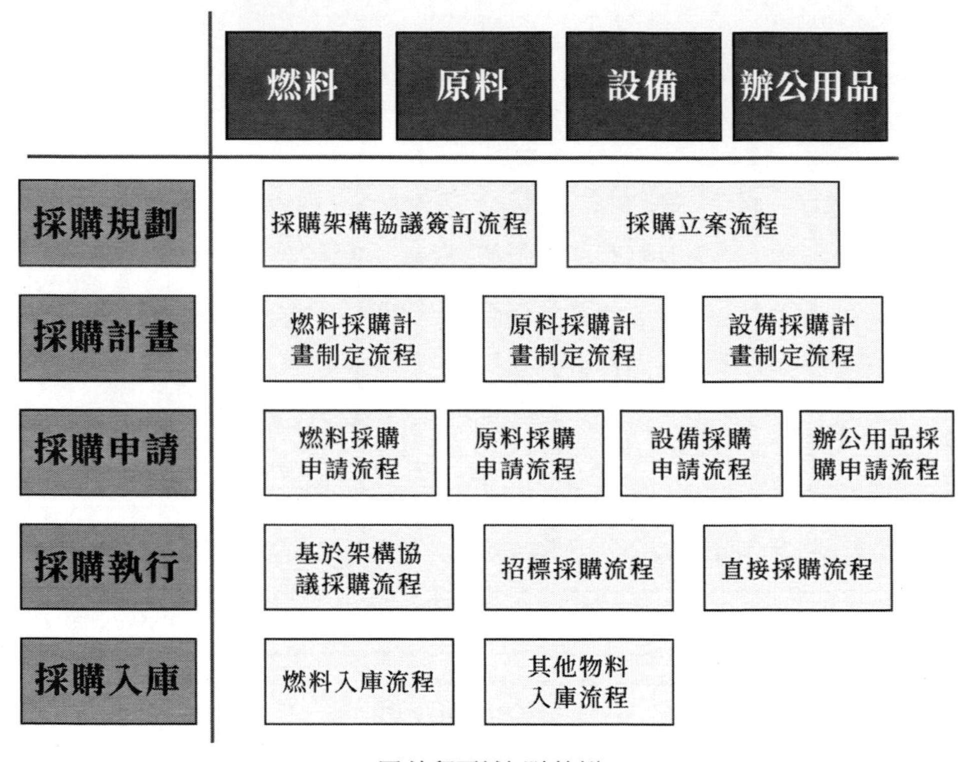

圖 流程區域矩陣範例

3）核心流程設計

企業生產營運目標的實現依賴於業務的開展，業務的完整實現過程就是核心流程，整個流程是由「積木塊」組成的。在企業策略目標與流程詳細設計之間，流程整體架構設計有著非常重要的過渡作用，要想確保該流程設計的正確性，公司高層管理者必須給予高度重視，親自參與。

◈ 流程詳細設計

流程詳細設計的對象是流程「積木塊」，設計內容主要包括執行人、執行時間、執行過程、執行地點、資訊系統、產出物等具體內容和上下游銜接關係，設計目的是與流程整體架構相銜接，形成具體可行的操作章程。

要想做好流程詳細設計，設計人員不僅要熟知流程整體架構，還要熟知業務特點及規律。因此，流程詳細設計必須交由經驗豐富的專業人員完成，如果在設計的過程中觸及到一些複雜的、敏感的業務，必須交由企業高層管理者來決斷。

流程詳細設計的結果必須具有可行性：其一，流程詳細設計的邏輯必須合理，所涵蓋的內容必須細緻全面，相關人員的職責必須分明；其二，流程詳細設計要與企業員工素養和能力相契合，以確保流程詳細設計方案能得以有效落實。

流程設計與流程再造不同，不需要對原有的流程進行徹底顛覆、從零開始，只需要相關人員對原有的流程設計進行梳理，發現其中存在的問題，形成規範，將其與企業目標結合在一起查漏補缺，再進行持續優化、創新發展。有機構對這種流程進行概括，將其簡稱為「理清楚 —— 管起來 —— 持續優化」，並以此為核心形成了卓越業務流程管理方法論。

◈「突擊戰」與「持久戰」結合

流程設計需要「突擊戰」與「持久戰」結合，其中「突擊戰」指的是在短時間內，高效率地對企業流程體系進行建設，獲得「一勞永逸」的成果；「持久戰」指的是在流程日常管理的過程中，對「突擊戰」所取得的流程設計成果進行鞏固、優化，使流程設計結果得以持續完善。

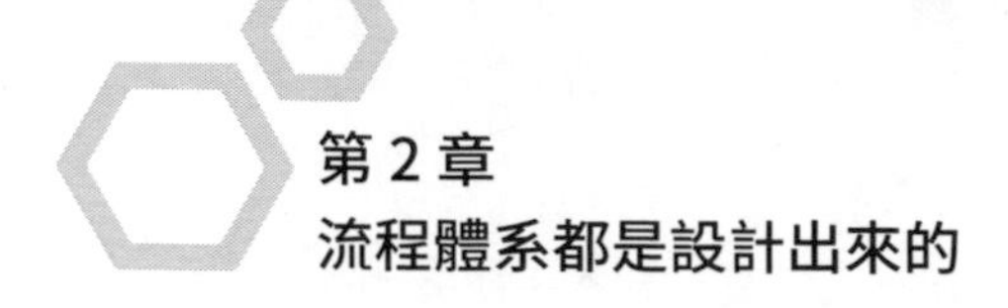

以客戶需求為導向

對於管理者來說，流程管理是一個重要工具，因此，流程管理要交由流程涉及的各組織的管理者負責。業務流程需要不斷地根據客戶需求變化進行調整，但是業務流程如何調整，調整之後要達到什麼程度，就要以流程分析為依據。也就是說，流程分析是做好流程管理的重要工具及方法。

要想做好流程分析，首先要找出需要分析的流程，之後再對其進行分析。流程分析的主要內容有：

- 第一，業務流程涉及的客戶需求有哪些？現有的業務流程能否使客戶需求得到滿足？現有的流程解決方案是否科學、有效？
- 第二，流程運作消耗的資源有哪些？資源是否得到了充分利用？資源是否具有壓縮空間？
- 第三，流程執行的關鍵障礙是什麼？這些流程執行障礙要如何消除？
- 第四，流程執行的內部控制風險有哪些？流程控制程式是否健全？流程執行是否遵守了這些程式？
- 第五，流程是否穩定？在流程執行的過程中，受人為因素的影響哪些流程會發生變動風險？

這五項流程分析內容相互關聯，在流程分析的過程中對其進行綜合考慮，能深入挖掘流程管理中更深層的問題，使流程得以優化、調整並改善。

比如，一家製造企業，其供應鏈為：採購管理流程 —— 製造管理流程 —— 物流管理流程 —— 銷售管理流程 —— 客戶服務管理流程，這五大流程互為一體，共同構成了企業的主流程。

如果這條供應鏈想要正常執行，還需要財務管理流程、品質管制流程、人力資源管理流程等流程的支持。事實上，這家製造企業供應鏈的執行過程就是人才、物力、財力等資源不斷轉換，在轉換的過程中為客戶提供產品與服務，讓企業的經營活動不斷增值的過程。

◆ 流程管理要以客戶需求為導向

一般情況下，客戶可以劃分為兩種類型，一是內部客戶，一是外部客戶。

其中，外部客戶指的就是企業產品或服務的消費者、潛在消費者，這些外部客戶是企業最重要的利潤來源，是企業生存、發展的根本。企業生產經營目標，也就是流程執行目的，就是滿足這些客戶的需求。

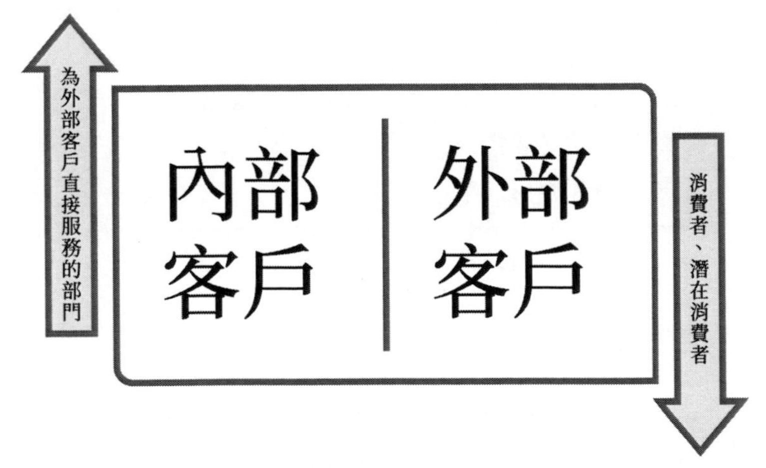

圖 企業的客戶類型

內部客戶指的是直接與外部客戶接觸的，為其提供產品與服務的部門，比如市場策劃部門、客戶服務部門、產品銷售部門、產品工程安裝部門等，這些部門有一個統一的名字 —— 行銷類部門。在供應鏈中，這類部門處於最末端。要想滿足外部客戶的需求，就要讓這些行銷類部門更好地為外部客戶提供服務，要做到這一點，就要使其獲得企業內其他部門及組織的有效支持。

總之，對於流程管理來說，其最終目的都是更好地為外部客戶提供產品與服務，滿足客戶日益多樣化的需求。當然，要滿足需求，首先要獲知需求、了解需求。現階段，流程管理獲知客戶需求的途徑有兩種，一種是外部獲取，一種是內部獲取。

從外部獲取客戶需求

· 直接從客戶處獲知需求
· 從社會變化中挖掘客戶需求

從內部獲取客戶需求

· 挖掘外部客戶需求
· 挖掘內部客戶需求

圖 獲知使用者需求的途徑

◆ 從外部獲取客戶需求

外部獲取客戶需求這條途徑可以細分為兩條：第一，直接從客戶處獲知需求；第二，從社會變化中挖掘客戶的需求。

1）直接從客戶處獲知需求

要想直接從客戶處獲知需求，首先要對客戶開展滿意度調查或者需求調查。因為，不同的客戶對產品及服務的需求不同，為了確保透過該途徑獲取資訊的準確性，在開展調查之前要對客戶或者市場進行細分，以此為基礎開展針對性調查。

2）從社會變化中挖掘客戶的需求

客戶需求會隨著社會整體環境的變化而變化。比如，市面上轎車的普及率日益提升。在這一現象的背後隱藏的可能是客戶對價格低廉、服務優質的汽車修理、汽車裝飾服務的需求，對傳播汽車有關知識及訊息的書籍、雜誌的需求等等。

雖然透過這種方法能有效挖掘客戶需求，但是因為「社會」這個概念太大，社會整體變化的相關資訊太分散、龐雜，即便是專家，也很難對隱藏在社會變化中的客戶需求變化進行及時、準確地挖掘和判斷。所以，企業不能過於依賴透過這種途徑獲知客戶需求。但是，這種獲知客戶需求的方法能為企業提供依據來制定發展策略，也能幫助企業對從其他管道獲知的客戶需求進行檢驗，確保其可靠性、科學性。

◈ 從內部獲取客戶需求

從企業內部挖掘客戶需求包含兩方面的內容，一是挖掘外部客戶的需求，二是挖掘內部客戶的需求。

1）挖掘外部客戶需求

企業挖掘外部客戶需求的途徑有兩條，一是，企業內的銷售部、市場部、客服部等能與外部客戶直接接觸的部門非常容易獲知外部客戶的需求，但是受多種因素的影響，這些資訊較為分散，難以得到有效地整合，其準確性也難以得到有效的驗證。

二是，很多企業都建立了 CRM 系統（Customer Relationship Management，客戶關係管理系統），該系統內有大量的客戶資料，對這些資料進行科學分析能挖掘出外部客戶需求，透過這種方法獲知的客戶需求較為準確、可靠。但很多企業都忽視了資料分析及提煉工作，使得其難以從企業內部獲取有效的外部客戶需求。

事實上，對於企業來說，這些隱藏在企業內部的客戶需求是非常重要的資源，應得以充分利用。具體來看，這些客戶需求可以分為四類：

A 類：管理者掌握的客戶需求。管理者可能從客戶處直接獲取資訊，也可能透過對社會環境變化的判斷獲知客戶需求，還有可能從其他的管道獲取資訊。總之，這些資訊都經過了整合、提煉，整合程度高，準確性好；其缺點是數量少，獲取難度高。

B 類：企業行銷類部門中的優秀行銷人員、分析人員、資深的市場策劃人員、客戶服務人員等所掌握的客戶需求。這些員工的工作經驗豐富，對市場資訊非常敏感，與客戶關係密切，有專屬的獲取管道。因此，這些員工掌握的客戶需求非常可靠、整合程度高、易被管理者接受；其缺點是，這些員工為了維護個人利益不願意與企業共享。

C 類：企業行銷類部門中普通員工所掌握的客戶需求。這些員工能直接與外部客戶接觸，在接觸、交談的過程中也能累積些許客戶需求。透過這種途徑獲取的資訊數量大、及時性好、獲取難度低；其缺點是資訊沒有經過加工，較為分散，整合度差，不易被管理者重視、接受。

D 類：企業非行銷類部門所掌握的客戶需求。透過這種管道獲取的客戶需求可靠性較差，整合度不高，不易得到管理者重視。

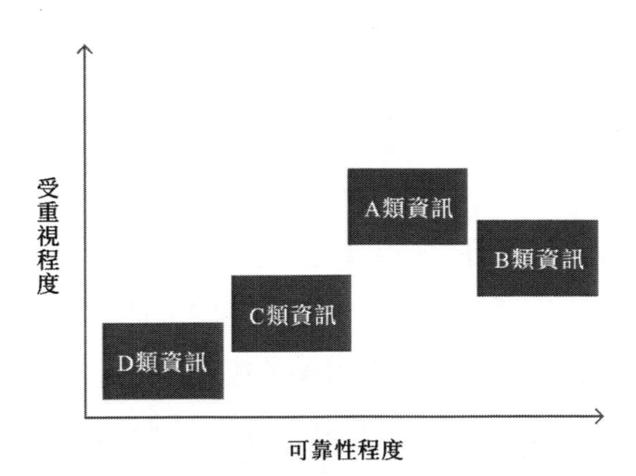

圖 ABCD 四類資訊的可靠性和受重視程度

從受重視程度來看，A 類資訊最高，B 類資訊次之，C 類資訊和 D 類資訊最次。但是在決策時，如果管理者只考慮 A 類資訊和 B 類資訊，忽視 C 類資訊和 D 類資訊，就會造成決策偏差或失誤。因此，要想得到可靠的、準確的外部客戶需求，就必須在企業內部建構完整的、貫穿所有部門與職位的溝通管道，輔之以相應的激勵措施，對上述四類訊息進行有效整合、充分挖掘。

2）內部客戶需求的挖掘

在市場競爭中，如果僅靠行銷類部門在一線市場衝鋒陷陣，後勤補給不足，就會使行銷類部門的工作開展受到嚴重制約，陷入失敗境地。所以，為了使其能在市場競爭中取勝，企業的整條供應鏈流程都要支撐行銷類部門，確實提升其競爭力。

企業供應鏈是由很多子流程構成的，這些子流程是由企業不同的部門與組織控制的。因此，要想高效執行企業供應鏈，就要使內部客戶的滿意度得以有效提升。提升滿意度，首先要解決問題。企業可以對內部客戶的滿意度進行調查，發現部門之間存在的合作問題，提升客戶滿意度及企業供應鏈執行效率，以不斷滿足外部客戶日益變化的需求。

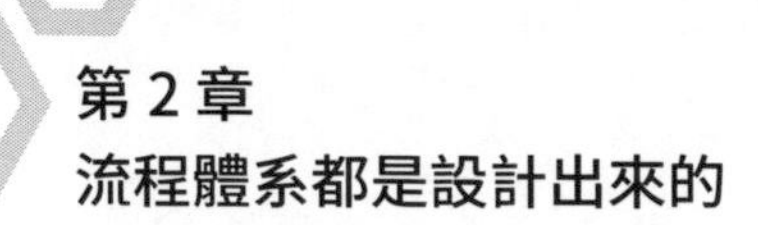

辨別關鍵流程

企業可以在流程辨別的過程中對流程進行梳理，挑選出關鍵流程採取措施對其進行優化。在流程優化的初始階段，相關人員首先要明確「需要優化的流程是什麼」、「流程選擇的標準是什麼」，而不是「如何對流程進行優化」這些細節問題。在流程優化完成之後，相關人員才能採取針對性的方法對流程進行診斷、分析和優化。

◆ 辨別關鍵業務流程的原則

關鍵業務流程辨別要遵循以下基本原則：

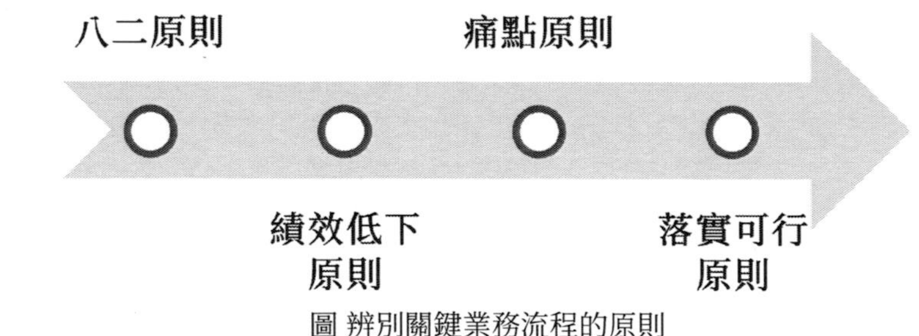

圖 辨別關鍵業務流程的原則

1）八二原則

八二法則又名帕雷托定律（Pareto principle），原義是 20% 的人掌握了 80% 的財富。後來，人們發現八二法則在很多領域都適用，這些領域包括業務流程優化領域，其表現是在企業內部，20% 的流程承擔了 80% 的工作。這也就意味著，只要流程人員掌握這 20% 的企業流程，就能抓住流程優化工作的關鍵點，就能取得事半功倍的效果。

2）績效低下原則

只要是流程，就一定會有產出。如果一個流程運作效率低、效益差、產出少，那麼這個流程就一定存在問題。在企業運作的過程中，這些存在問題的流程會使企業整體的運作效率深受制約。

比如，產品開發流程存在問題，使得產品開發效率低下，遲遲不能出現新產品。在這種情況下，即便企業的其他流程高效運轉，企業的整體運作效益也必然會深受影響，需要進行優化、重組的流程就是這種流程。流程改進工作以這些存在問題的流程為切入點所能取得的效果會更好，邊際效應會更高。

3）痛點原則

流程運作的目的之一就是滿足客戶需求，對於客戶來說，企業流程的重要性及影響力存在很大差異。基於此，企業在辨別關鍵業務流程的過程中，可以對客戶最關心的問題進行觀察、分析，比如產品成本問題、產品效能問題、交貨時間問題等等。以這些問題為起點，對流程進行追溯，將它們與流程放在一起進行對比分析，根據流程對指標影響程度的大小挑選出重要痛點的流程，進而對需要優化的流程進行排序。

一般來說，在企業的各個流程中，重要痛點但運作效率低的流程會對其他流程的運作產生不良影響。如果痛點流程能以高效率運作，則會對其他流程產生積極的推動作用。

4）落實可行原則

企業的流程再造或優化需要很多條件作支撐，這些條件包括流程優化的技術水準、優化人員的素養能力、風險承受能力等等，這些條件對優化之後的流程的可行性會產生很大影響。如果企業的某個流程急需優化，流程優化條件又有所欠缺，那麼該流程的優化可以向後推延。如果某個流程的優化有成功的可能，那麼該流程就可以落實優化。

◆ 辨別關鍵業務流程的方法

關鍵業務流程的辨別除遵照上述原則之外，還需要採取一些合理的方法，具體來說，關鍵業務流程辨別的方法主要有以下兩種：

1）價值鏈分析法

價值鏈分析法是由麥可波特（Michael Porter）提出的，能對某種價值活動對企業競爭力的影響進行有效分析，在流程分析及改造的過程中有很好的適用性。

波特認為：企業活動主要有兩種，一種是主要活動，一種輔助活動。主要活動的內容有採購物流、市場行銷、生產製造、售後服務等；輔助活動的內容有高層管理、技術開發、人事運作、後勤供應等。

企業或產業不同，企業活動的具體形式也不同，但企業所生產出來的面向顧客的最終價值都是從這些活動鏈及價值的累積中得來的。因此，對企業活動進行分解，對每條鏈上的活動價值進行分析，就能找出急需改造的活動內容。

2）績效評估矩陣法

透過價值鏈分析法，企業能獲取流程辨別及梳理的架構型思維，企業要想真正著手進行流程規劃，績效評估矩陣法能為其提供很好的參考。如圖：

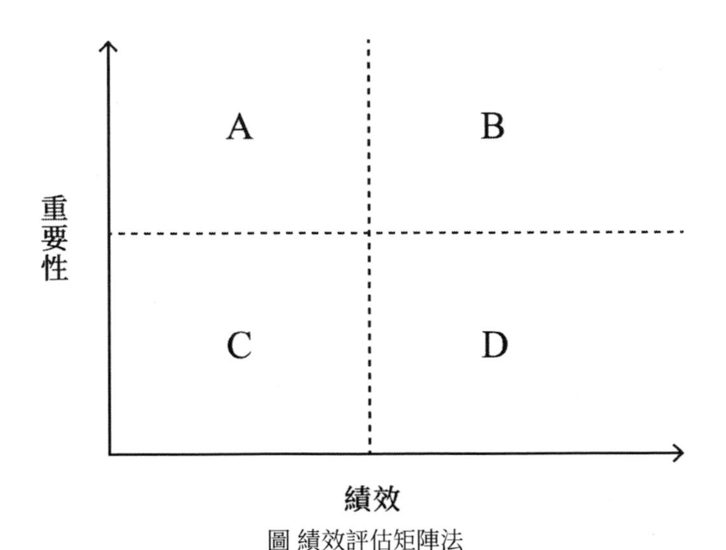

圖 績效評估矩陣法

圖中的橫、縱座標分別表示績效與重要度，A 區域表示重要度最高、績效最低，流程需優化；B 區域表示重要度及績效都高，這種流程狀態較好，需要保持；C 區域表示重要度及績效都低，該流程可以暫時不作處理；D 區域表示重要度低，績效高，該流程也可以暫時不作處理。

在對企業流程進行優化之前，可以採取這種方法對流程的重要度進行分級，對流程改進之後的收益空間、流程改進風險、流程改進的複雜度進行綜合考慮，對流程改進的先後順序進行調整，排名在前的流程就是關鍵流程。

當然辨別關鍵業務流程的矩陣法還有很多，比如需求／準備矩陣、成本／客戶重要性矩陣等等。這些方法沒有好壞之分，都是辨別關鍵業務流程的工具而已。

◆ 辨別關鍵業務流程的兩大工具

企業流程眾多，如果逐一優化改進企業的工作量會異常龐大。那麼，企業的流程優化要從何處著手？簡單來說，理想的候選流程有兩種，一種是法律要求的流程，一種平衡計分卡上顯示出來的績效差、急需改進的流程。

具體來說，企業流程管理的主要目的是增值。優質的流程能在為客戶創造價值的同時增加企業收入；反之亦然。從客戶層面來看，關鍵業務流程主要來自於包含以下活動的流程之中，客戶可見的活動、高回報率的活動、高投訴率及高問題發生率的活動、占用資源最多的活動、與核心業務緊密相關的活動。

這些篩選出來的流程就是關鍵流程，關鍵流程的辨別並沒有統一的公式，但有很多工具可用。常用的辨別關鍵業務流程的工具有兩種，一種是流程重要度選擇矩陣，二是流程優先選擇矩陣。

1）流程重要度選擇矩陣

使用流程重要度選擇矩陣可以對重要流程進行選擇。在這個矩陣中，可以透過「流程的增值」、「流程類型」、「流程的獨特性」三個要素對流程的重要性進行判斷（如圖）。

流程的增值與獨特性判斷：企業執行的主要目的就是創造價值，在創造企業價值方面發揮作用最大的流程就是最重要的流程。

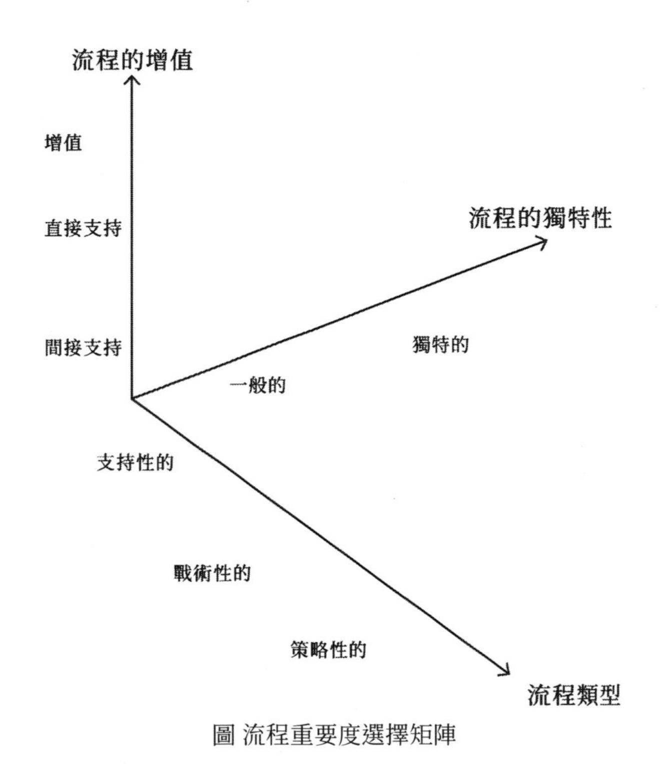

圖 流程重要度選擇矩陣

另外，在判斷流程重要性方面，流程的獨特性也是一個關鍵要素。一個企業獨有的、運作良好的流程一定能為企業創造獨有的客戶價值，這種客戶價值是其競爭對手難以複製、難以超越的。這種獨特性發揮得越多，所能創造的企業價值也就越大。

流程的獨特性與類型判斷：流程的劃分依據不僅有增值性和獨特性，還可以以流程類型為依據，劃分為策略性、支持性和戰術性三類。經總結，對於企業來說，策略性獨特、戰術性獨特的流程的重要程度較高；支持性獨特、策略性一般、戰術性一般的流程的重要程度一般；支持性一般的流程的重要程度較低。

關鍵流程確定：利用上述兩種方法可以對流程的重要程度進行有效判斷，但為了確保判斷結果的準確性，也可以將透過上述兩種方法挑選出來的流程放到「流程重要度選擇矩陣」的架構中去進行綜合考慮，以確保挑選出來的較為重要的流程的合理性，以將其作為關鍵流程進行優化處理。

2）流程優先選擇矩陣

透過流程優先選擇矩陣可以對流程優化的風險與收益進行對比分析，對流程優化的先後順序進行排列。

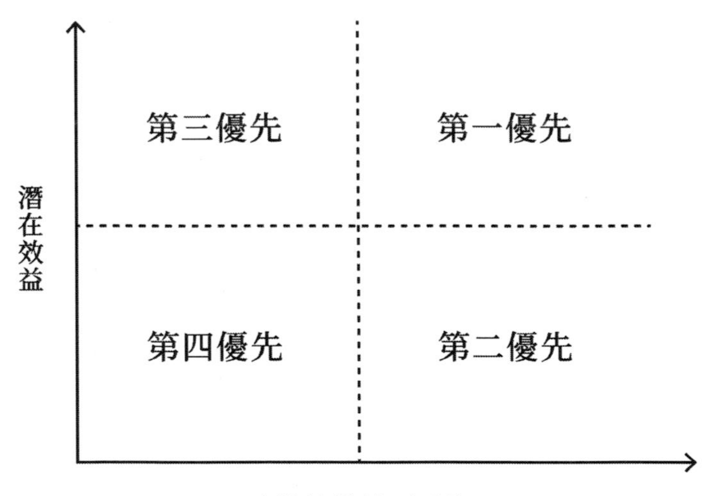

圖 流程優先選擇矩陣範例

如圖，將潛在效益高、風險低的流程放到第一優先順序中，將潛在效益低、風險低的流程放到第二優先順序中，將潛在效益高、風險高的流程放到第三優先順序中，將潛在效益低、風險高的流程放到第四優先順序中。顯然，第一優先順序中的流程就是急需優化的關鍵流程。

流程模擬設計

過去，市場競爭環境比較單一，企業只需抓住市場機會、將業務放在第一位就能提升競爭力。現如今，市場競爭環境變化很大，企業要想提升競爭力，就必須將抓住市場機會與優化內部管理結合在一起，將企業的工作重點放到內部管理上。也就是說，只有不斷地優化企業流程管理體系，才能幫助企業打造營運效率方面的優勢，才能不斷地提升競爭力。

企業從管理入手打造競爭優勢、獲取利潤的方法有很多，其中之一就是檢視企業流程、強化流程管理、透過流程管理體系的規劃建構企業的競爭力。目前，這種方法在應用方面存在的問題較多，主要集中在三個方面：單個流程的規範性較差；流程管理業務體系急待形成並完善；流程管理的組織體系急待建立。

流程管理的業務體系及組織體系不建立，單個流程就難以規範，企業流程管理體系規劃就難以開展。目前，因為很多企業都沒有對流程管理投入高度重視，使得企業的流程管理出現了很多問題。

◆ 流程設計機制

那麼，企業的流程管理體系該如何規劃呢？

要做好流程管理體系規劃，首先要做好兩件事：其一，企業要了解規範、管理、支持業務開展、獲取更多利潤所需要的流程都有哪些；其二，企業為了做好流程管理工作，在對流程體系進行規劃時，要建立分層級的流程管理體系，確立各層級流程之間的關係，對與階段性策略目標實現有關的流程進行辨別與監控。

從這個角度來講，流程管理體系的規劃要參照以下原則：

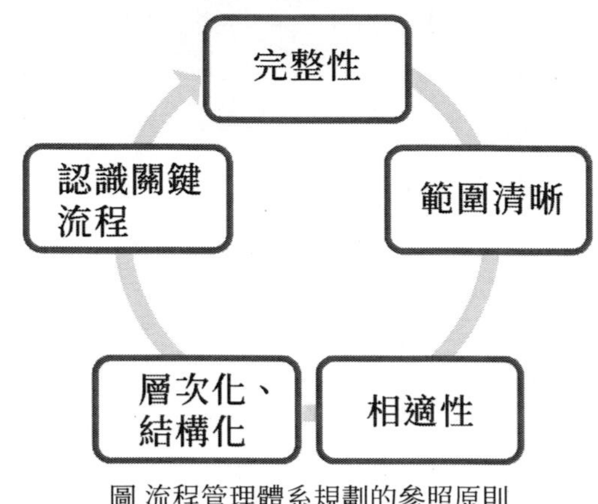

圖 流程管理體系規劃的參照原則

1）完整性

一般來說，一套完整的流程要有三部分內容，分別是流程圖、流程說明、表格。其中流程圖能幫活動主體站在整體流程視角看問題，了解活動範圍，理順活動各環節間的邏輯關係；流程說明能幫活動主體深入了解流程圖中各活動細節及輸入、輸出內容，累積工作經驗，做好工作推廣；表格能傳遞流程訊息。

在流程化管理的內容中納入企業的重要業務活動，形成完整的流程體系。現階段，很多企業都將 ISO9000 品質體系作為基礎，對流程管理體系進行建構，其中所涉及的企業業務活動較少，一些重要的業務活動沒有納入其中。此外，很多企業的流程體系規範不健全，與企業的發展境況不符，缺乏策略指引，使業務開展深受影響。為此，企業的流程體系規劃要與企業的策略目標相融合，為企業的業務開展提供指導。

2）範圍清晰

這裡的範圍指的是流程的起點與終點，明訂流程範圍，使其串聯起來能建構一個完整的業務鏈，消除其中的真空地帶和重複管理地帶，保持整條業務鏈的持續性。明訂流程範圍，能有效防止流程活動相互交叉，提升流程管理體系的可行性。

比如，有些企業將日常工作及規劃工作放在同一個流程中，由於這兩項工作的性質、主管部門、時間都不同，只有將它們各自的範圍界定清楚，才能防止工作過程中職責不明、相互推諉等現象的出現。

要做到這一點，就要對流程績效指標進行設計。流程績效指標的設計目的是：對流程執行績效進行判斷，從策略角度對流程關鍵績效指標進行設計。

很多企業績效考核指標的建立都是從職能考核角度切入的，而非流程角度，企業績效指標考核的是職能績效，而非流程績效。從本質來看，企業所有的績效指標都是從流程中脫離出來的，只有從流程角度切入設立績效指標，才能使企業員工脫離部門本位主義，從流程產出角度對績效指標進行整合設計，讓關鍵績效指標與階段性策略目標掛鉤。

3）相適性

流程要與企業的策略發展要求及實際運作要求相融合。現階段，很多企業流程都沒有與企業策略掛鉤，與策略實施有關的關鍵因素還沒有融入流程之中，不能對企業員工的日常行為產生指導作用。部分企業流程沒有隨著策略的改變進行調整，新的關鍵成功要素沒有在流程中展現出來。

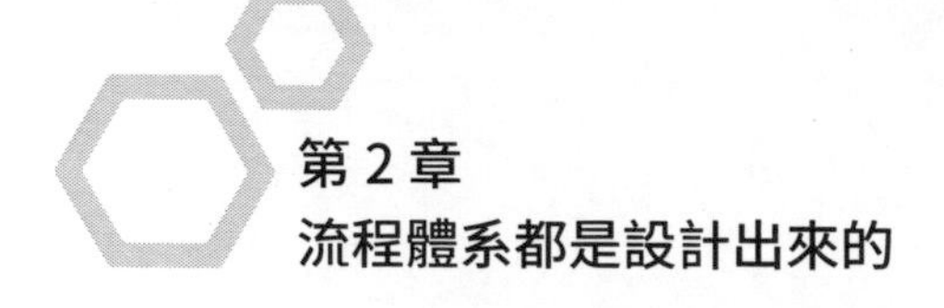

因此，企業流程管理規劃要遵循相適性原則，要隨著企業的發展、業務開展及策略調整進行調整，以確保流程對對企業日常工作開展進行有效地指導。

4）層次化、結構化

流程管理體系的規劃人員要以價值鏈為依據對其體系進行結構化設計，確立流程之間的層級關係及邏輯關係，這裡的邏輯關係包括流程的上下游關係及支持關係。目前，很多企業流程的層次化、結構化特點都只展現在 ISO9000 品質管制體系方面，沒有深入企業層面。另外，很多企業流程管理體系的邏輯關係不清，使得部門銜接不暢，容易發生相互推諉等情況。

5）認識關鍵流程

企業關鍵流程的辨別要以階段性策略目標為基礎，以便做好追蹤與管理。很多企業都沒有以階段性策略目標為基礎對企業的關鍵流程進行辨別與管理，這種情況出現的原因有兩點，一是企業沒有明確的策略；二是企業沒有將流程管理提升到策略高度。

◆ 流程實施與評估機制

流程建立之後就要實施，流程實施要樹立流程的權威性，建立流程持續評估機制，促使流程不斷優化。流程即時與評估機制的建立可以從以下幾個方面來完成。

1）培訓執行人員

在流程釋出之後，要做好流程執行人員的培訓工作，使流程執行人員能明確職責，掌握新流程執行所需的技能。

2）樹立流程的權威性

流程建立之後要樹立流程的權威性，引導公司全體員工重視流程、使用流程、管理流程，讓企業員工能夠按流程化規定開展工作。

3）建立評估機制並評估

在流程建立之後建立評估機制並進行評估是流程持續有效的關鍵。流程評估機制包括兩個部分，一是關鍵流程評估，二是其他流程評估。前者評估工作的開展主體是流程部門組織的流程評估小組，後者評估工作的開展主體是流程主導部門組織的相關人員。

4）實施獎懲措施

無論是管理變革，還是流程管理變革，都需要以制度為保障，否則變革就會失敗。因此，在流程建立之後，企業要建立一套完整的獎懲制度，獎勵執行流程改革措施並提出有效改革意見的人員，懲罰不執行流程改革措施的人員，來確保流程管理改革工作的成功。

◈ 流程改進機制

流程改進工作就是要成立跨部門小組，將企業的階段性策略目標、先進的管理思想融入流程之中，解決企業管理中存在的問題，推動流程實現持續優化。流程改進工作的開展要點以下：

1. 流程管理的目的是實現企業的策略目標，為此，為了使流程有效，必須將企業策略目標融入流程改進目標之中；
2. 在流程改進工作中，企業必須將先進的管理思想融入其中，讓流程規劃將企業先進的管理思想展現出來；

3. 流程改進工作必須以消除企業管理瓶頸為目標，推動企業管理工作持續優化、改進；
4. 流程體系規劃工作的開展、流程績效目標及提升計畫的制定要根據產業標竿基準來進行，這裡的產業標竿基準指的是產業內明星企業的成功做法及經驗；
5. 流程改進工作的開展要對流程各環節及介面進行梳理，使各流程環節能實現平衡、協調發展；
6. 在流程業務體系建立之後，企業還要做好流程的持續優化工作。比如，流程工作小組按時對流程業務體系進行評估，收集流程執行過程中出現的問題，採取合適的方法予以解決、優化，促使企業的管理工作能得以持續改進。只有這樣，才能真正地打造企業的競爭優勢，提升企業的競爭力。

根據流程的 IT 規劃

現階段，對於大部分企業來說，流程都是一個非常熟悉的概念。企業對流程的重視程度越來越高，部分企業還對業務流程進行了重組，對流程專案進行了優化。部分大型企業還開展了資訊化建設工作，在企業內部建構了財務系統、分銷系統、MRP（Material Requirements Planning，物料需求計畫）、PDM（Product Data Management，產品資料管理）、辦公自動化等。在這些工作開展的過程中，很多企業的資訊主管都對流程與 IT 的關係有了全新的認識，認識到這兩者緊密相連、密不可分。

◆ IT 應用與業務流程改革密不可分

隨著 IT 的發展，作業流程勢必要改革。如果傳統的作業流程沒有得到有效改革，即便引進了先進的資料技術對傳統的手工業務進行調整，也只能使其中落後的處理方式更加固化，使其中不合理的工作方式得到電腦的自動處理，實際難以提升工作效率，甚至還有可能導致工作效率降低，落後於手工方式。

這種結果說明，IT 技術的引進與應用沒有達到應有的效果。即便在這種結果出現之後，企業管理者發現了其中的錯誤，準備著手改變作業流程，也已經失去了機會。因為，這種做法將耗費大量的成本，對於企業來說得不償失。

很多情況下，流程與制度施行確實需要資訊系統的幫助。如果某種流程與制度沒有一定的工具作支撐，在過程中會經常出現「變革的反彈」

現象。具體來說就是，人們在工作的過程中會經常忘記這些「約束」，按照慣性開展工作，使工作流程與方法又回到原來的流程與方法中去，使變革之後的流程與制度施行失敗。

實際上，IT 與流程結合的方法有很多，比如，在企業資源計畫（ERP）開展之前先對業務流程進行重組（BPR, Business Process Reengineering），開展組織設計、配套設計與流程設計，然後以這些設計為基礎，藉助具體的 ERP 軟體對解決方案進行設計，讓新的管理方法透過 ERP 展現出來。再比如，在 ERP 實施之前，相關人員要率先對流程的應用現狀進行分析、優化，再以 ERP 產品設計為基礎對解決方案進行設計。這兩種 ERP 實施方法沿用已久，即便到現在，也依然有廣闊的市場空間。

◆ IT 規劃和流程管理相結合

隨著資料技術的發展及其在企業的廣泛應用，到目前為止，在流程分析與優化基礎上形成的 IT 規劃吸引了越來越多的企業關注。IT 規劃與流程管理的結合方法：首先對流程現狀進行分析；其次，對流程進行優化、整合；再次，開展 IT 規劃；最後，實施 IT 規劃。具體流程見圖 1。

在這個模式中，IT 規劃的起點就是流程梳理、流程分析與流程優化。在 IT 規劃工作開展之前，先對業務流程現狀進行調查、分析，再對業務流程進行優化、整合，待確定現有的業務流程之後，再藉助 IT 技術對流程進行創新。

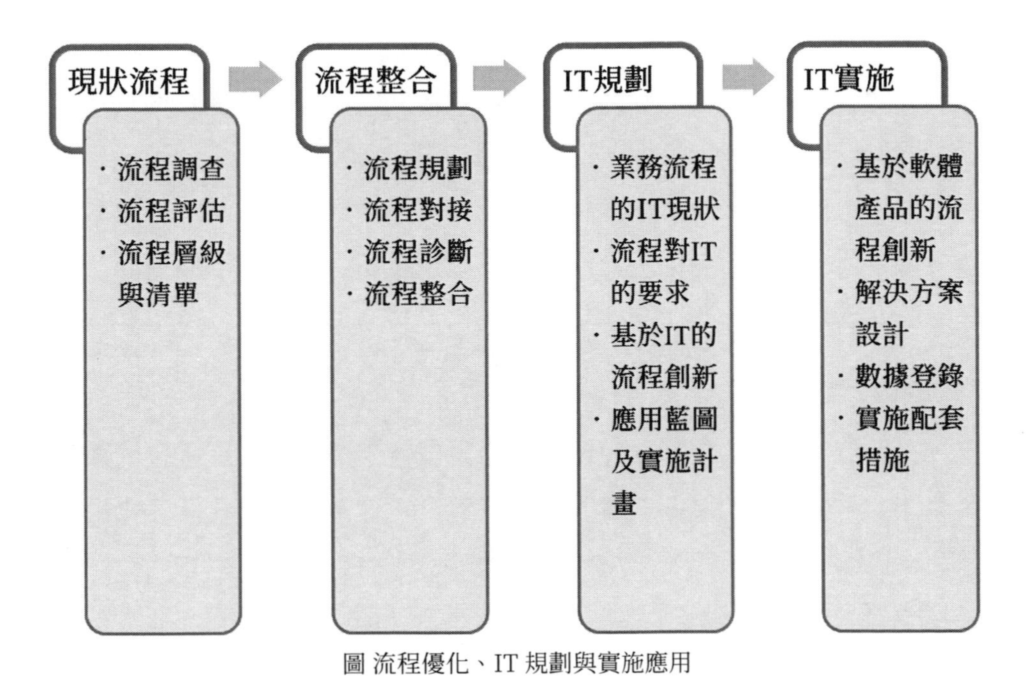

圖 流程優化、IT 規劃與實施應用

事實上，資訊系統的實施與流程的優化緊密相連，兩者相互影響，相互推動。流程優化是資訊系統落實的基礎，而資訊系統的應用則是推動流程不斷改進、調整的最強動力。具體來講，無論是流程現狀分析還是流程整合，都可以藉助 IT 規劃完成。

◆ 基於流程的 IT 規劃方法

在 IT 規劃中，流程梳理、流程彙總、流程整合、流程分析是挖掘 IT 價值、規劃應用方法的重要途徑。

1）流程彙總與增補

IT 規劃人員要在收集管理檔案、對業務流程開展問卷調查、對相關人員進行訪談等方法的支持下，對流程名稱、流程圖、支持系統、過程文件等資訊進行收集。為了保證資訊的準確性、完整性，IT 規劃人員要做好與各業務部人員的溝通工作，對收集到的流程資訊進行檢查、分析，發現缺失要及時與相關的業務部人員聯繫，補全遺漏。

整個過程適用的方法有兩種，其一是完備性檢查法，其二是邏輯性分析法。前者在整體層面的流程增補中比較適用；後者在細節層面的流程增補中比較適用。

2）流程接洽與整合

流程接洽與整合工作要先內後外，先做好部門內部的流程接洽與整合工作，再進行部門之間的流程接洽與整合工作。業務流程關係也可以分為兩種類型，一種是序列流程，一種是並行流程。

序列流程的特點是：一個工作節點連線一個對象。比如，在專案設計的過程中，專案設計 —— 專案校對 —— 專案稽核就是一個序列流程。並行流程的特點是：一個工作節點連線多個對象。比如，某個專案的某個階段需多人參與，任務分配所面向的流程就是一個並行流程。

當然，在業務流程開展的過程中，序列流程與並行流程的劃分不會那麼清晰，可能業務流程的某個階段是序列流程，到了下一個階段就又成了並行流程。在這種情況下，在業務流程接洽的過程中，就要率先做好流程節點的處理工作，也就是要率先做好序列節點與並行節點的接洽、整合工作。

在流程繪製的過程中，價值鏈方式是最有效的應用方法。以某通訊企業的 IT 規劃專案為例，該專案就是利用價值鏈方式繪製的全業務流程圖。其具體做法就是，將每一個業務流程放入相應的業務領域之中，將所有的流程接洽起來，最終形成完整的業務流程體系。

3）流程與應用藍圖的匹配

以業務流程總圖為基礎，能對流程的應用現狀進行有效評估，對流程未來的應用模式進行科學設計。其中，應用系統覆蓋的範圍表示，在這個業務流程中，這些節點活動都實現了與 IT 的結合，有了資訊系統作支撐；而未覆蓋的範圍則表示，這些節點尚未實現與 IT 系統的結合，缺乏資訊系統的支撐，未來的應用藍圖應對這些流程節點進行覆蓋。

設立 APQC 流程分類框架模型

業務流程是一系列相關業務行為的總稱，該行為的目的是以可測量的方法達到一個或者多個業務目標，它表現的是企業的動態管理過程。企業管理者、企業管理研究方面的學者都在不遺餘力地從多角度對企業管理進行描述，這些角度包含策略角度、人力資源角度和績效角度等等，以期塑造出理想的企業管理模型。

從業務流程角度對理想的企業管理模式進行分析，必須考慮流程的完備性問題，比如企業流程類型、流程應覆蓋的範圍、流程步驟的梳理方法等。企業流程完備性問題可使用流程分類架構（PCF）進行有效解決。美國 APQC 對流程分類架構進行了拓展研究，形成了一套完整的業務流程架構模型。

◆ 業務流程架構模型

從流程角度對企業業務進行分析，對需要納入管理體系的業務流程進行整合，列出「流程清單」。企業流程管理工作的開展必須按照「流程清單」進行，並需要根據流程的實際開展情況對流程清單進行不斷地維護和完善。在業務流程架構模型建構的過程中，明列「流程清單」是一項最基本的工作。

美國 APQC 對全美各個產業的業務進行了整理，建立了一個流程清單 —— 流程分類架構，該清單的適用性極強。以流程分類架構為基礎，APQC 對其進一步地整理，形成了一份適用於各種企業業務流程的清單，為業務流程梳理、管理及優化工作的開展提供了極大的便利。

◆ 流程分類架構

流程分類架構是一種高級的、具有普遍適用性的企業模型或分類方法，為企業流程管理提供了有效指導，為建構完備的企業流程提供了一套完整的架構模型，對企業從跨產業流程的視角切入，對企業行為進行檢視做出了有效鼓勵。

具體來說，流程分類架構具有三大應用優勢：

1. 在流程分類架構的作用下，企業管理者能夠從流程角度切入對企業業務及管理方法進行檢視與完善；
2. 在流程分類架構的作用下，以通用的流程清單為參照，企業能在短時間內形成屬於自己的「流程清單」；
3. 在流程分類架構的作用下，各行各業的流程溝通有了「通用語言」，各種不同的管理模式都可以以簡潔清晰的語言表達出來，其中的同與不同顯而易見，為跨企業溝通、跨產業交流帶來了極大的便利。

流程分類架構和開放標準基準（Open Standards Benchmarking, OSB）

1992 年，美國生產力和品質中心聯合來自全世界 80 多個組織的成員共同建構了流程分類架構。

美國生產力和品質中心成立於 1977 年，是一家專注於流程與績效改進的非盈利性機構，推行會員制度。該機構得到了國際認可，為全世界範圍內的企業、政府、教育等組織服務，能幫助組織有效應對快速變化的市場環境，建構更科學的工作方式，增強競爭力，在市場競爭中獲勝。

APQC 建立的流程分類架構對業務流程進行了科學劃分，將其劃分成了 12 個分類，其中包括 5 個運作流程分類，7 個支持流程分類。分類不同，其中所包含的流程群組和活動也不同，具體見表 1。

表 APQC 的業務流程分類

分類	流程
分類1	開發遠景和策略
分類2	開發和管理產品和服務
分類3	行銷和銷售產品和服務
分類4	交付產品和服務
分類5	管理客戶服務
分類6	開發和管理人力資本
分類7	管理資訊技術
分類8	管理金融資源
分類9	獲得、建造和管理財產（所有權）
分類10	管理環境衛生和安全 （EHS, Environment,Health,Safety）
分類11	管理外部關係
分類12	管理知識，改進和變化

流程分類架構的建構是在開放標準基準資料庫的支持下完成的。開放標準基準研究的目的是建構一個具有普遍適用性的流程標準、測量標準及標竿標準，能為世界範圍內所有參與研究的組織服務，幫助其改進績效。

開放標準基準研究由三部分構成，其一是標準流程架構，其二是標準測量，其三是共同的資料庫。其標準流程架構指的就是 APQC 建立的流程分類架構；標準測量指的就是流程測量；共同的資料庫指的就是 OSB 資料庫，這個全球性的資料庫包含了近 2,000 個獨立的計量單位、100 多個業務流程、1,200 多個測量流程，其供應鏈數據模組包括六大部分，分別是採購模組、物流模組、客戶訂單管理模組、製造模組、新產品開發模組、供應鏈計畫模組。

也就是說，流程分類架構與開放標準基準相互作用，前者為後者提供了架構，後者為前者提供了資料庫，相互結合形成了一個共同體。但是這個整體並不是單純的供應鏈模型與標準，其中包含了諸多供應鏈的內容。

◆ 關於 APQC 流程架構說明

APQC 在多個公司的幫助下開發出了流程分類架構，其目的是建構一個水準高、具有普遍性的組織模型，以幫助各組織從跨產業的過程角度切入，對其行為及活動進行檢視。

目前，很多組織為了能對現有流程做出更容易理解，做好資訊劃分、跨產業交流及資訊分享工作，都已經在實際的工作過程中導入了流程分類架構。

◆ 流程分類架構的制定目的

流程分類架構，一個水準高、極具普遍適用的企業模型，能夠幫組織從狹窄的職能角度脫離出來，從跨產業視角切入對其行為及活動進行檢視。

很多組織都對其獨特的特點與約束有著超高的信任度，對於這些組織來說，使用其他類型的組織流程比較有難度。實踐證明，相較於跳出常規進行比較或整合產業內一般案例得出觀點來說，透過應用流程分類架構基準帶來巨大改進的可能性要高很多。

那麼，組織要克服業務流程中存在的普遍問題，實現跨產業交流，要做出哪些努力呢？流程分類架構為製造業、服務業、教育業、政府等產業與機構提供了一個具有概括性的業務流程評估報告。

另外，現階段，很多企業都在試圖從扁平化流程的角度切入對企業的內部運作進行解析，比如，如何將銷售流程從銷售部門中脫離出來，使這兩個部門區分開來。

總體來說，流程分類架構的目的是將主流程與子流程藉助架構與詞彙展現出來，該架構不會將某個特定組織內的所有流程都羅列出來，同樣，該架構內的每個流程都不一定會在組織內出現。

流程架構的建構方法

現階段，越來越多的企業開始注重流程管理，在流程管理方面投入了越來越多的精力、物力和人力。但顯然，對於企業管理者來說，如何有效管理數量龐大的流程是一件難題。事實證明，解決這個難題的有效方法就是建構流程架構。

業務流程本就是一切滿足內部客戶需求與外部客戶需求的業務活動的總和。而流程架構涵蓋了流程分層、分類及關聯等內容，也是一套流程體系。

現階段，在流程管理的過程中存在這樣一種錯誤的認知：管理者單純地認為流程管理的重點在職能流程方面，採購流程、財務流程、生產流程等眾多職能流程建立之後就表示流程體系已成功建立。事實上，職能流程體系的建立只是流程體系建立的一環，與流程管理目標（打破部門壁壘，實現部門協同營運）之間的距離還很遠。因此，只有建構起完整的流程體系，才能宣稱完整的流程體系得以建立。

流程架構體系指的是層次分明的流程管理體系，其中的層次性展現在四種邏輯關係之中，這四種邏輯關係分別是從上到下、從總體到個體、從整體到部分、從抽象到具體。流程架構體系的建立可以依循以下順序，首先，建立業務流程的總體執行過程；其次，細分其中的節點，將其落實到實際的業務活動中去。

從某個角度來說，業務流程所展現出來的層次關係是企業管理層次關係的反映，對於不同層次的業務流程來說，管理者的層級不同，其掌握的分級管理權限也不同。如圖所示，流程架構共有三個層次，每個層次都對應一個管理對象，不同層次的流程又能以結構化的方式展開，將業務流程的層次化管理與結構化管理落實。

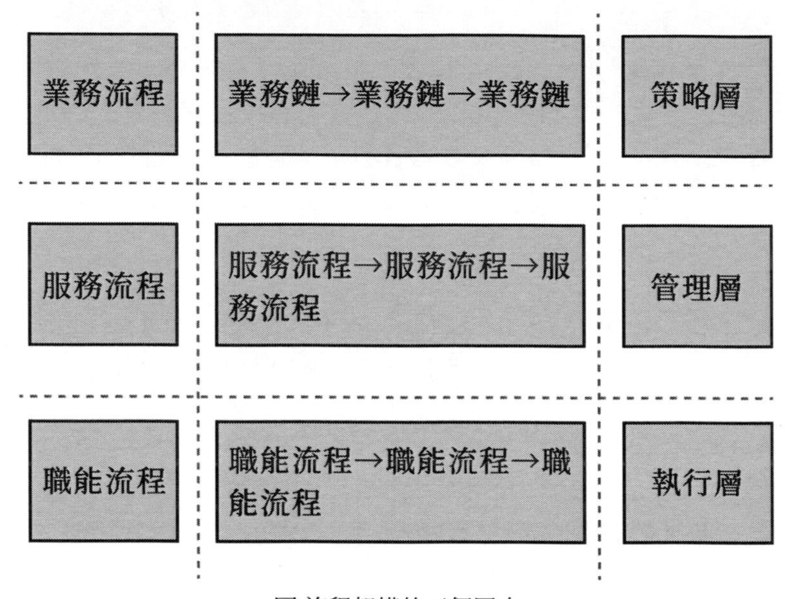

圖 流程架構的三個層次

圖所示的業務流程架構就是以企業業務為核心從上到下層層展開的，每一層都是一個相對獨立的整體，能實現不同層面的管裡，三個層次相互關聯共同構成了一套體系完整、結構嚴謹的業務流程架構。

在這套業務流程架構中，屬於在企業策略層面上建構起來的業務鏈體系，該業務鏈體系的基礎是企業的策略訴求，對象是企業服務。透過該業務鏈體系的建構，企業的策略實現能力及業務全貌能完整的表現出來。每一條流程都是一個完整的服務流程鏈，包含了一個或者多個服務流程。要想對業務流程進行解析，首先要對企業要滿足的各種需求類型、需求來源進行梳理、整合，並制定出相應的需求滿足目標。

服務流程是建構的基本元件，屬於企業管理層面的內容，是由一系列業務活動組成的，這些業務活動的內容是一個或者多個獨立事件。每個服務流程都是一個連續的過程，一旦第一個事件被觸發，之後的事件就會接連發生，中間不會受流程之外事件的打擾而中斷。

由此可見，服務流程的組成內容是一系列職能流程，有完整的業務過程，在完成特定業務目標的過程中，透過流程參與，還能滿足客戶的特性需求。對服務流程進行梳理，其重點是對流程的觸發機制及觸發點進行梳理。一般情況下，觸發點與服務流程是一一對應的。

職能流程是一個操作過程，其面對的是執行層，其中「職能」一詞源於英文「Function」。具體來說，職能流程指的是某種業務過程，該業務過程的目的是實現某一種業務能力，具有可控制性，其描述能細分到執行層面，且能以唯一的管理紀錄做標示。從本質上來講，職能流程就是服務流程的一個部分，這個部分能將具體的職能分工展現出來。

比如，「財務支付職能流程」能展現「完成支付」這個財務管理職能，該職能流程又能與其他職能流程相結合共同構成「每月報支服務流程」，與其他服務流程相結合共同構成「費用報支流程」。其中「費用報支流程」的起點是申請報支，終點是拿到款項，展現了費用報支的全過程。

總之，流程架構體系的建構能幫企業建立一套可行性強、結構清晰的流程管理體系。在業務流程、職能流程、服務流程等概念的幫助下，流程管理體系中能夠有效建立對流程進行結構化描述的方法，流程的關聯性、重複性等問題能得以有效解決，流程結構能更加清晰、科學、明確。同時，流程架構體系還能為企業績效管理、流程體系優化等工作的開展奠定基礎。

第 3 章

確立流程，提升效率

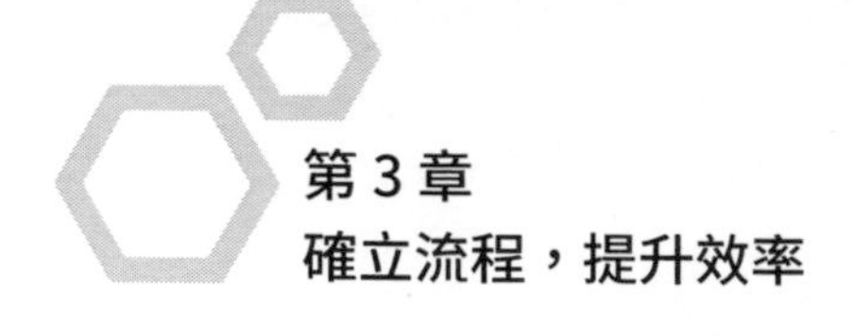

為什麼要梳理流程？

當企業發現自身的流程不完善時，通常會想到流程優化，這就需要企業管理層實施流程管理，而在具體實踐過程中，管理層首先要做的是進行流程梳理。

只有對企業現有的流程體系有著清晰的認知和掌握，才能在此基礎上實施流程優化。因為經過完整的梳理，才能找到現有流程中存在的問題，進而採取改革措施。

另一方面，經過調查分析可以發現，很多企業認為需對現有流程進行改革，但其中有超過一半甚至七成的問題出在表達方式上。在企業營運過程中，不同部門、不同人員會以不同方式來看待及處理同一件事務，使管理層將問題原因歸結到企業流程不完善上，為了改善這種情況，應該透過流程梳理統一企業各部門的表達方式。

因此，在進行流程梳理的過程中，應該將企業內部表達方式的統一作為重要一環。要完成這一步，通常需要一到兩個月的時間。透過流程梳理，能夠激發企業參與改革的積極性，透過落實執行達到最終目標。在這個過程中還需注意的一點是，應該分清楚不同的流程時態，避免將當前的情況與還未實現的願景混淆。當然，這也是流程梳理中的一個環節。

在流程梳理的目標達到之後，接下來要做的就是流程優化。那麼，應該從什麼地方切入呢？如果能夠提前找到企業現有流程中存在的問題，就能據此進行調整與改革。總體而言，流程優化分為以下三步：發現問題、分析問題及處理問題。發現問題並不像很多人想像中那麼簡單。除了要尋找問題所在，將問題描述出來之外，管理者還需具備自我剖析的能力，並掌握企業整體發展的大局。否則，管理者往往只能找到表層的問題，難以找到問題的根源，要解決這個問題，企業需轉換思維角度，突破傳統思維的侷限。

◈ 流程梳理的概念

流程梳理意即對企業現有流程的分析，這個環節還未涉及到流程改革與優化，主要是使管理者對企業現有流程體系有著更加清晰的認識，並據此為後續的改革提出參考意見，制定初步方向。

企業需提高現代化水準，第一步要做的就是採取有效措施進行流程梳理，透過流程優化及重組推動自身發展。具體而言，流程梳理要求企業管理者對公司自身的各方面進行分析，包括企業的業務特點、管理方式、存在哪些優點及弊端等等，從中找出企業管理的核心，需從哪些方面加強企業的現代化建設，需改進的問題，以及針對性的措施、預期的目標設定等等。

提到流程優化與流程再造，不少人分不清這兩者的區別，在這裡做簡要說明：業務流程優化（BPI, Business Process Improvement）是指企業管理層對現有流程進行部分調整，而不會對其進行全方位的改革，仍然保留了很多原有流程架構；業務流程再造（BPR, Business Process Re-engineering）是指企業管理者對其以往的流程進行顛覆性改革。

通常情況下，若企業當前的管理仍有許多可取之處，透過區域性調整後能夠維持正常運轉，企業更傾向於選擇業務流程優化而非流程再造。因為在這種情況下，企業的流程雖存在問題，但並未觸及其基本原則，也就無需推倒重來。

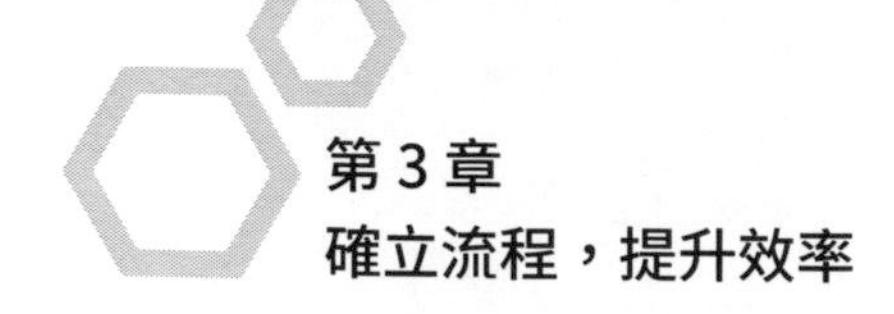

◆ 流程梳理的價值

1. 使企業能夠更加全面地認識其現有流程，加強整體流程中各個環節之間的連繫，使各個環節的管理者能夠突破自身的限制，從宏觀角度思考問題。
2. 在分析現有流程結構的基礎上，找到原有業務模式的不足之處，清楚地掌握當前企業管理的優缺點，在此基礎上推出解決方案。
3. 保持表單格式的一致性。完善表單中的專案，使專案內容更加豐富詳實，在企業日常營運過程中，由於表單內容的缺失，管理者在決策時也無法從中獲得廣泛的參考訊息。
4. 對所有流程中包涵的資訊專案進行再次確認，列出流程開始與完成時所需工作，如對於出貨環節，管理者需訂定出貨應滿足的條件。
5. 保持職位名稱的一致性。企業內部設有不同職位，但不同部門的稱呼方式存在區別，當企業設有分部時更容易出現這種狀況，保持職位名稱一致，方便管理者進行績效考核。
6. 改進職位設定。知曉流程中各個環節的職位設定情況，根據企業發展需求增加必要的職位。

◆ 流程梳理的策略意義

立足於企業長期發展的角度來分析，流程梳理的意義主要展現在：

1. 更好地服務於客戶，展現企業的使命承擔；
2. 透過流程梳理提供更加優質的內容，提升顧客體驗；
3. 透過流程梳理提高企業的競爭力；
4. 提高管理者的流程管理能力，加速整體運作。

透過對現有業務流程的分析，找到不足之處。其中，部分問題是由於操作不當引起的，還有一些問題需歸結到管理層面，這就要做出相應的管理改革。針對這種情況，首先應該確認問題屬性，之後再進行流程調整。在這個過程中，要注重細節方面的處理，對現有流程進行科學、全面的分析。

企業管理者在進行全盤了解的同時，還要充分了解細節的重要性，對這些細節進行優化，確保整體改革的效果。

對企業而言，業務流程梳理需長期實行才能取得理想效果。為了確保其執行，管理者需制定考核標準，對相關部門進行有效監督，避免各部門敷衍了事。另外，業務設定應在流程設定之前，要確保流程執行，還需提前對現有業務布局有清晰的了解，並掌握其未來發展方向。

透過對企業進行分析可以發現，如若企業總體規模較大，即便他們知道流程管理的重要性，也很少會選擇進行全面的流程優化或流程再造，畢竟這需要企業投入數百萬元的資金。再者，這類企業的業務模式大都比較模糊，即使進行流程改革與優化，也需要提前確立自身的業務模式。

因此，在分析企業發展需求的基礎上可以看出，有相當一部分企業並不清楚流程管理的定義、能夠取得的效果及適用於解決哪些問題，而企業管理層人員也缺乏對流程管理的認識。對這種類型的企業實施業務流程再造，不僅執行難度大，最終取得的效果也十分有限。相比之下，流程梳理不僅在費用方面的要求較低，其作用也十分明顯，實施的難度也不是很大。

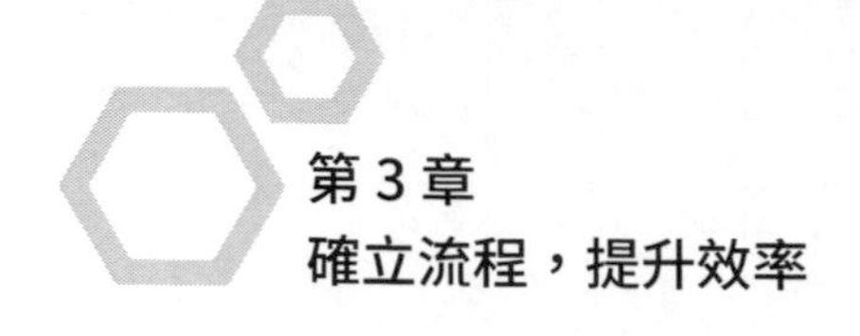

梳理流程，提高效率

如今，不少公司啟動了流程梳理，但數據統計結果顯示，有九成企業的流程梳理工作都未取得成功，效果十分有限。出現這種情況的原因是什麼？相當程度上歸結於這些企業的管理者對流程梳理的本質沒有清晰的認識，僅侷限於淺層及細節方面的處理，只是透過做流程圖、設定流程中各個環節的工作職位，以及建立管理制度和管理標準來開展流程梳理。

很多企業在管理過程中面臨各式各樣的問題，比如：資金支持力度不夠，工作效率難以提高，員工流動率高，客戶黏著度較低等等，很多企業在重重壓力下最終宣告失敗。所以，企業管理過程中應該著重加強成本控制，提高工作效率，減少員工流失，提高客戶黏著度，為此，企業需進行流程優化。

然而，不少企業在實施流程優化時，雖然投入了大量的時間、精力、資源，但最終仍無法達到預期效果。

另外，很多企業在進行流程優化的過程中都存在以下問題：主導流程優化的負責人十分認真地對待其工作，在進行公司流程梳理時，不僅詳細畫出了流程圖，還對各個流程中的執行標準、管理制度、職權等進行了明確分工，然而，管理層與企業很多部門都不支持他們的工作展開，在他們看來，如此正規、全面的流程梳理要消耗大量資金，對企業發展的實際性推動作用也很少。在傳統模式下，儘管企業在進行流程設定時沒有以圖示形式列明，但經過長時間的營運實踐，管理層也根據企業發展需求做出了一定程度的修改，現有流程足以支撐企業的營運與發展。

流程設定的目的、意義及價值共同構成流程的本質。管理者只有從根本層面上了解流程梳理，才能對整個流程設計有所掌控，才能以流程的目的與價值為核心對企業進行流程梳理。再者，只有確定流程梳理的目的，才能了解整個流程中各個環節的價值，在改革時留下必要環節，省略多餘環節。

當企業做出流程優化的決策後，第一步要做的是確定哪些是企業的關鍵流程，接下來，要以流程的本質為參考，尋找關鍵流程中的不足，據此進行流程優化，確保流程優化的效果，並爭取管理層及各個部門的支持。

◆ 辨別關鍵流程

企業同時擁有多個工作流程，而流程優化無法針對所有流程開展，管理者需辨別出企業的關鍵流程並加以實施，透過這種方式提高資源利用率，並集中展現流程優化的效果，推動企業發展。

可透過以下方式來判斷是否為關鍵流程：

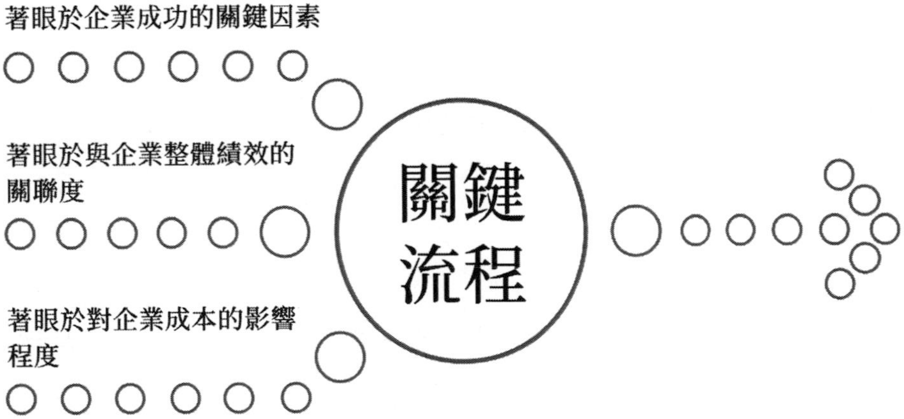

著眼於企業成功的關鍵因素

著眼於與企業整體績效的關聯度

著眼於對企業成本的影響程度

關鍵流程

圖 關鍵流程的判斷標準

1. 著眼於企業成功的關鍵因素，對關鍵流程進行辨別。企業之所以能夠取得成功，離不開關鍵成功因素的支撐，在企業發展過程中，其內部結構及流程也會隨之改變，部分因素仍停留在傳統模式下，與企業發展需求不相符，不妨從阻礙企業關鍵成功因素發揮其影響力的原因入手，對關鍵流程進行辨別。
2. 著眼於與企業整體績效的關聯度，對關鍵流程進行辨別。企業之所以進行流程優化，從根本上來說，是為了提高績效，推動自身發展。從這個角度來說，管理者要判斷是否為關鍵流程，就要對該流程與企業整體績效的關聯度進行分析。若某個流程的作用還未得到充分發揮，且能夠在相當程度上影響企業整體績效，那麼，該流程為關鍵流程。
3. 著眼於對企業成本的影響程度，對關鍵流程進行辨別。若某個流程與企業的成本控制緊密相關，且需透過進一步完善來加速運轉，那麼，該流程為關鍵流程。

確定關鍵流程後，管理者需要做的是，對這些流程中存在的問題進行定位。

◆ 流程問題診斷

在對企業流程進行分析時，可透過流程圖來反映整個流程的架構方式及其中存在的問題。在這期間，還可配合問卷調查，向整個流程中各個環節中的負責人進行調查，從而了解該流程當前的營運狀態。

分析並提取問卷調查中包含的各項訊息，包括：實際流程步驟與書面記錄中存在的區別，不同部門及員工的操作方式、參與者對現有流程的意見、流程考核標準、應該以書面形式展現的作業、流程優化過程中可能面臨的問題、流程優化的最佳實施時間，企業應該提供的支持，參與實施的負責人等。

有了這些因素之後，管理者應該分析以下幾個方面：現有流程中急需做出哪些方面的調整？流程中包含哪些關鍵控制點？現有的部門職位設定能否滿足企業發展需求？為了確保流程優化的實施，應該制定怎樣的考核體系，進行制度層面的改革？

除了從員工角度對企業流程進行分析之外，還能立足於客戶需求層面，或者向供應商徵求意見，又或者尋找自身企業與優秀企業之間的差距，實施流程優化。在這個過程中，要特別關注怎樣獲取客戶需求，再透過流程優化提升自己的服務。

在對企業現有流程進行分析之後，管理者需了解流程中有哪些地方需要改進，哪個環節發生問題的頻率較高，問題的根源是否歸咎於流程本身，企業的管理流程與業務流程能否相互配合。

◈ 流程優化的四種方式

管理者在進行流程優化時，需根據提前設定的工作目的對企業內各職位進行職責規劃，處理好不同職位之間的關係，並對各個部門的職能進行梳理，明確其工作目標，做好量化工作。管理者可採取四種方式進行業務流程優化：

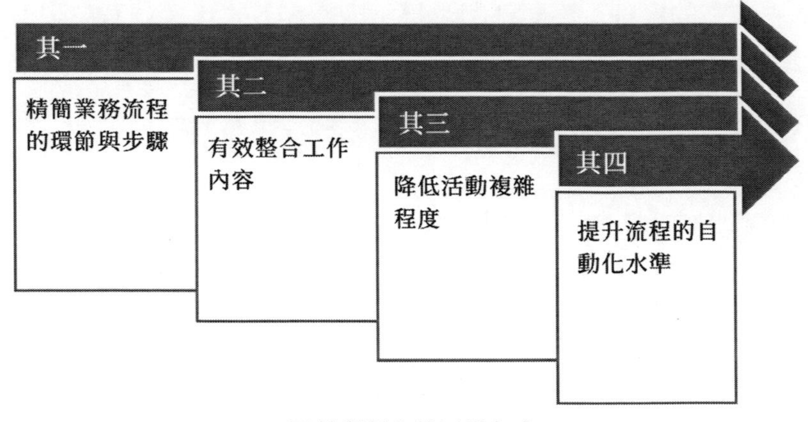

圖 流程優化的四種方式

1）精簡業務流程的環節與步驟

對於業務流程中沒有存在價值的環節及步驟，應該予以剔除，像是多餘需求的生產活動，重複性產品加工，過多的產品庫存等等，透過精簡業務流程，能夠減少企業的成本，加速整體流程運轉，更好地接洽顧客的需求。

縮短決策地與任務接收地之間的距離。若決策地與執行地之間的距離過長，其反應時間就會延長，延緩決策的執行，最終導致工作效率難以提高，容易錯失發展機遇並造成資源浪費。以往，企業的營運通常遵循以下規律：所有事務都要向部門負責人反映，由負責人進行決策，再將結果通知該部門的員工，相關人員還要將訊息傳達給其他有關部門，訊息接收者再反映給其所在部門的主管，之後還要經歷諸多環節。

企業如果按照上述方式進行訊息傳達，既無法提升溝通效率，也容易因為環節過多導致訊息失真，而且，員工在向管理者反映訊息時，其傳達可能並不全面，所以，對於基本決策，部門管理者不應該凡事親力親為，而是應該為下屬提供有效幫助，確保決策的科學性和有效性。

2）有效整合工作內容

相對於多個人負責處理同一工作的不同環節，分派給不同員工，不如讓其負責多項環節，不僅能夠使員工全身心地投入到自己的工作中，還降低了對員工績效的考核難度。整合工作能夠有效節約訊息傳達時間，降低訊息失真率，避免部門間相互推諉、延誤工作，有助於提高整體工作效率及工作品質。

3）降低活動複雜程度

在企業營運過程中，相關部門可能在表格設定、技術架構、物流系統組織等方面的處理不當，導致這些活動包含太多複雜性因素，管理者需對其進行優化，摒棄冗餘的環節設定。

4）提升流程的自動化水準

企業營運過程中存在一些危險工作，或對員工體力及忍耐力要求較高，另外，部分流程中的環節，或者資料獲取及傳輸工作，都可透過技術化改革。這種方式既能節約人工方面的成本消耗，又能讓流程精確運轉。

流程設定應以滿足客戶需求為導向。企業先要找到關鍵流程，並對其進行分析，再隨著企業的發展、市場環境的改變，對現有流程進行改革，使其更符合客戶需求。企業管理者在實施流程優化的過程中，不應該僅停留在表層的改革上，除了要認清企業流程運轉現狀，保持其正常營運之外，還應該關注流程梳理的本質，根據流程設定的目的來進行改革，從而展現流程優化的價值所在。

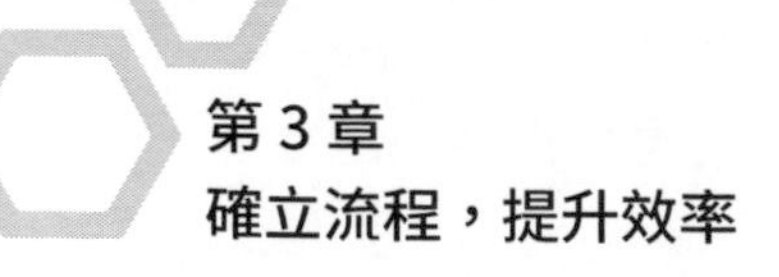

梳理流程的七個步驟

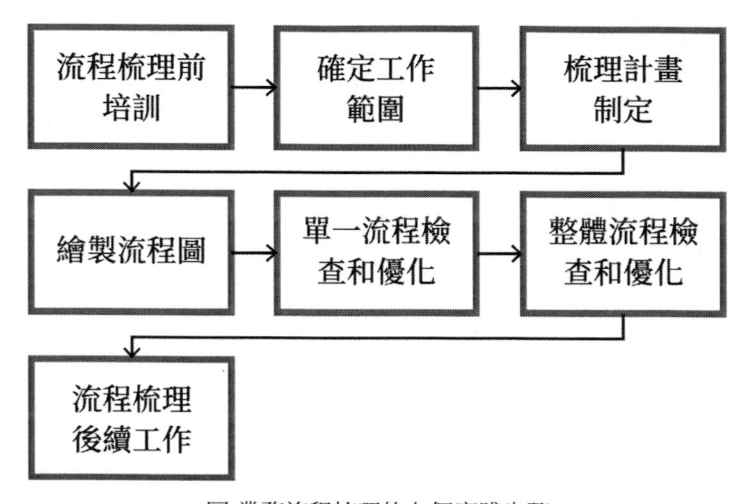

圖 業務流程梳理的七個實踐步驟

業務流程與企業管理密切相關，企業透過流程梳理，能夠對自身的業務發展現狀及未來走向有著更清晰的掌握，對能夠有效促進企業發展的關鍵流程進行定位，並制定相應的改進措施。

對公營企業而言，其與其他類型的企業不同，在流程優化過程中，應該將這些因素考慮在內，除了要提高企業整體工作效率及利潤獲取外，還應根據公營企業本身的屬性及發展情況，注重公平，實現多方面的優化。為此，應全面進行流程設計。

根據 PDCA 循環（Plan、Do、Check、Action），整個流程梳理工作包括七個環節：流程梳理前培訓、確定工作範圍、梳理計畫制定、繪製流程圖、單一流程檢查和優化、整體流程檢查和優化、流程梳理後續工作。

第一個環節的流程梳理前培訓，與之後的確定流程梳理工作範圍和進行管理業務分析，在 PDCA 循環中位於策劃階段，管理者在完成這兩步後，就能繼續開展後續工作。為了提高流程梳理工作的效率，實現最佳流程優化結果，管理者需在這兩個環節做好充分的準備。

◆ 流程梳理前培訓

流程梳理前培訓主要包括：流程及流程管理的基本理論學習；流程梳理工具的應用。在這個階段應該熟練掌握流程包含的六項基礎內容：活動、活動間的邏輯關係、活動實現方式、活動承擔者、顧客、價值。

其中，流程的營運離不開活動；活動間的邏輯關係包括三種：並行關係、序列關係及回饋關係；流程營運服務的對象為顧客，從範圍上來說，可分為內部顧客、外部顧客兩種，所謂內部顧客，即企業內部活動服務的對象，或流程中某個環節的執行人員。

價值主要展現在兩方面：流程價值與活動價值。透過流程分析，確認某個流程或活動能否為企業發展提供支持，進而做出相應的處理，如果該流程或活動沒有發揮其應有作用，則應該考慮剔除，若價值展現不明顯，則應在後續發展過程中進行調整和改良。

◆ 確定工作範圍

為了明確管理需求，制定相應的管理原則，需要對流程梳理工作的範圍有所掌握，並分析企業的管理業務。在做好範圍界定後，接下來要做的就是定位管理需求，在這方面可採取以下措施：

1. 在分析企業產品或服務推出過程的基礎上定位管理需求；
2. 參照企業之前設定的管理標準、管理原則及相關檔案，定位管理需求；

3. 參照相關法律法規，定位管理需求；
4. 對同類企業的管理需求進行分析，在考慮自身情況後進行借鑑，定位管理需求。

對管理需求進行定位，可為後期的流程梳理提供實質參考，避免流程梳理過程中出現疏漏。接下來，則需分析企業的管理任務，可從以下幾個方面來展開：

- 確定管理業務的管理要求，找到與所有管理業務相匹配的管理標準及管理要求，再對這些標準及要求進行處理，將同類要求合併起來，不同要求分項羅列，最終達到條理清晰的效果；
- 確定管理業務需發揮怎樣的作用，達到什麼效果；
- 明定企業為管理業務提供的資源，比如，人力資源、物質資源、相關法律檔案、考核標準等等；
- 明定管理業務的結果產生方式，比如具體的產品，數據分析報告、改革方案等等；
- 明定與管理業務相關的部門及職位，各個部門的職責；
- 明定並處理好不同管理業務之間的關係，比如不同管理業務之間是否存在交集，有無層級區分等，分清不同業務的界限。

梳理計畫制定

在制定梳理計畫時，透過表格形式來呈現是一種不錯的選擇。在制定過程中，除了顯示基本內容，比如流程名稱、企業需提供的資源、負責流程梳理的管理者、需配合其執行的部門之外，還要表明流程相對應的法律法規、具體的時間計畫、流程梳理進度、實施方法等等。

在人員安排方面，要根據不同人的能力、責任進行安排，通常情況下，指定主要責任人員，並安排具體的執行人員，進行流程梳理，如果工作量較大，可安排其他輔助人員。關於流程梳理進度的安排，先要確定哪些流程在核心位置，哪些流程可放在次要位置，先核心後次要；在分清業務邏輯的基礎上，依照順序進行梳理；對於不同能力的人，能力高者優先，能力較低者負責後續工作。

◆ 繪製流程圖

繪製流程圖，即用圖形來描述流程梳理計畫。在實施過程中，第一步要做的是，按照計畫中把整個流程劃分為相互銜接的操作環節，理清這些環節的先後順序，用箭頭來描述不同環節間的銜接關係。

要在流程圖中恰當表示與流程業務相對應的法律法規及相關要求並不容易，為了解決這個問題，繪製人員需要在理解要求內容的基礎上，採用合理方式來描述這些要求。比如，透過圖示來表示各個操作環節的順序，按照格式來展現流程梳理工作的結果；將流程梳理所需的時間、考核方法、達標要求等，標注在對應的環節旁邊。

◆ 單一流程檢查和優化

對於單一流程，應重點檢查七點：

1. 對流程範圍的界定進行核對；
2. 對流程開展的主導部門、相關部門，以及其職能設定等進行核對；
3. 對流程中不同活動之間的關係處理進行核對；
4. 對不同流程之間的銜接關係進行核對；
5. 對流程的規範性進行核對，避免與觸及法律及企業規章制度；

6. 對流程及活動存在的價值進行核對；
7. 對流程梳理開展過程中的職務安排、執行人、實施時間、實施目的、實施方式、目標設定、資源需求等進行核對。

透過核對發現現有流程中存在的問題，並作出改進。開展流程檢查與優化是為了達到以下效果：確保流程梳理的品質；在劃定好職權後，與相關部門進行溝通，根據實際情況做出進一步調整；幫助責任部門掌握流程，便於後續的工作開展。

◆ 整體流程檢查和優化

在這個階段，要全面對流程進行核查與調整，在實施過程中，應注重以下七點：

1. 確保在現有流程下，資金流、物流、資訊的高效運轉；
2. 確保始終將顧客需求放在核心位置，並堅持進行品質管制；
3. 確保職權分配到對應部門，促進各部門之間相互配合；
4. 確保整個流程營運的系統化，能夠形成完整的循環，既可以是某個流程內部的循環，也可以是該流程與其他流程共同形成循環；
5. 確保各個部門間的流程處於均衡狀態；
6. 確保流程間銜接緊密；
7. 確保各個流程的總體目標保持一致，致力於實現最佳效果。

在檢查結束之後，對其中存在的問題提出針對性解決方案，以求達到預定目標，並取得理想效果。

◆ 流程梳理後續工作

流程梳理完畢後，接下來要做的就是流程的實際應用，還有流程管理及後續發展過程中的調整。可採取以下兩種方式開展流程應用：其一，透過資料技術化實現流程應用，並對其實施過程進行監督；其二，將流程應用作為企業管理的一部分來實施。

在流程梳理結束後，企業還需實施進一步的管理與逐步的完善。在企業的發展過程中，其所處的環境並非一成不變的，企業的發展需求也會隨之改變，在這種情況下，企業就需對現有流程進行調整。成功的企業會將流程管理視為企業管理的重要組成部分，根據企業的管理評估，參照以往制定的相關檔案等，對流程發揮的作用進行檢驗，發現不足之處並進行優化，使其伴隨著企業的發展不斷走向完善。

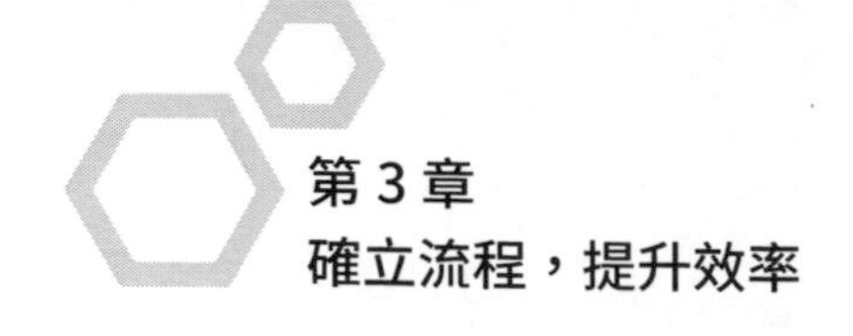

梳理流程的工作模式

業務流程梳理能夠有效提高企業管理的品質，使企業管理更加規範。業務流程梳理有多種方式，最為普遍的有：自主工作模式、分散外包工作模式及總承包工作模式三種。

◆ 業務流程梳理自主工作模式分析

採用自主工作模式的企業，由其內部現有諮商人員、透過自主應徵管道引進的人才承擔業務流程梳理工作。這種模式的優勢展現在，流程梳理工作結束後，企業的流程體系能夠盡快適應其短期業務營運的需求，從而為企業發展提供必要的支持。

不過，業務流程梳理自主工作模式也有弊端，展現為以下兩方面：

1）受技術因素的制約，無法在預定時間內完成梳理工作

企業在進行業務流程梳理的過程中，需要足夠的資金支持、人員配備以及技術支撐。如果企業本身不具備專業的諮商功能，其諮商人員可能並不多，工作開展受技術因素的制約也比較明顯，在這種情況下，若其業務流程本身包含諸多環節，可能無法在預定時間內完成任務，導致企業資源利用率較低。

2）難以建立標準化程度較高的流程體系，降低企業管理水準

大部分自主業務流程梳理不是以專業背景來開展的，執行者對企業業務發展的需求缺乏全面性把握，難以建立標準化程度較高的流程體系，其適用性不高，並且需要經過反覆調整與改革，如果效果較差，就

會降低企業的整體管理水準。

透過分析可以得出的結論是，若企業規模較大，又包含多元化的業務功能，並不適合採用自主工作模式開展業務流程梳理。

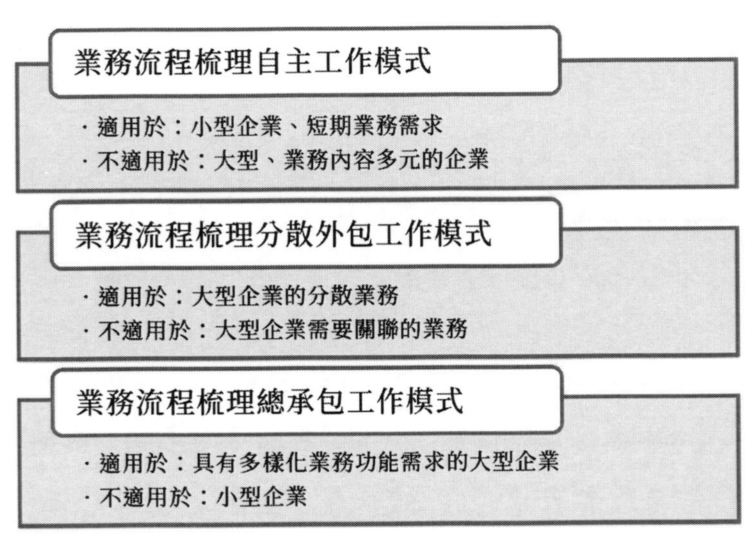

圖 企業業務流程梳理的工作模式

◆ 業務流程梳理分散外包工作模式分析

很多大型企業會採用分散外包工作模式進行業務流程梳理。這類企業具有多種業務功能需求，為了確保最終的流程梳理效果，並提高其標準化水準，企業會提前制定業務劃分方案，並將不同類型的流程梳理工作交給各個外包商來完成。採用這種模式的企業，能夠利用外包商的專業梳理能力，建設標準化程度較高的業務流程體系，為企業發展提供專業支持。

然而，企業在發展過程中，其管理需求更加多元，管理難度也逐漸提高，採用分散外包模式進行的業務流程梳理存在的不足之處也逐漸顯露出來：

1）外包商對企業業務沒有全面性的掌握，其業務流程方案及諮商工作也存在侷限性

負責進行不同方面業務流程梳理的外包商之間是分割開來的，他們之間的互動很少，對企業業務也沒有全面的掌握，所以，這些外包商在進行流程梳理時，不會考慮企業業務發展的整體需求，其流程管理及諮商方案也受到這些因素的限制。

2）各個外包商的流程梳理結果難以整合

外包商根據企業的特定管理需求及存在的問題進行相應處理，其業務流程梳理往往能夠展現出他們的專業特色。而各個外包商實施的流程梳理及其成果展現，往往會具有重複性功能，另外，不同外包商的流程梳理標準存在區別，企業在整合這些流程梳理結果時會面臨種種困難，最終導致企業不同業務之間相互分割。

3）投資不集中，導致企業的成本消耗過高

採用分散外包工作模式進行流程梳理的企業，需要對各個外包機構分別進行投資，對企業的整體成本管理及控制帶來挑戰。換句話說，採用這種模式的企業在大多數情況下無法對其專案投資進行全面、集中的管理及控制。

由此可以看出，對於大規模企業而言，伴隨著發展，其業務功能需求會不斷增多，不適合採用業務流程梳理分散外包模式。

◆ 業務流程梳理總承包工作模式分析

1）能夠有效提高整體工作品質，根據企業發展需求實施流程梳理

企業做出業務流程梳理的決策之後，應該選擇專業度較高、能夠從整體上掌握其業務的承包商來承擔工作，避免企業與外包商對業務功能

需求有著不同的看法，使承包商能夠在考慮企業發展需求的基礎上進行流程梳理，有效提高整體工作品質。

2）能夠有效節約成本，提高企業資源利用率

採用總承包工作模式進行流程梳理的企業，能夠將企業發展需求作為自己的工作導向，提高決策的針對性和實用性。採用這種模式，還能在相當程度上幫助企業減少總體的資金消耗，另外，將流程梳理工作交給外包機構，企業就不必為此進行專業的部門建設與人員配備，還能節約企業在這方面的成本消耗，有利於促進整體資源利用率的提高。

3）對企業核心資訊進行集中管理

企業在進行業務流程梳理時，需用到各類資訊資源，比如客戶資訊、市場資訊、供應商資訊等，其安全性與企業發展密切相關，企業透過與承包商合作，將業務流程梳理相關的工作，包括資訊管理都交給總承包商，企業能夠實現對核心資訊資源的集中管理，減少企業承擔的風險。

4）能夠減少企業在非核心業務方面的精力分散，從長遠角度促進企業發展

企業透過與承包機構合作把業務流程梳理工作交由第三方完成，自身則可將更多精力集中到核心業務的營運上，充分發揮自己的優勢資源力量，做好企業內部的部門分工，加速整體運轉。另一方面，承包商還能利用自己的豐富經驗，提高企業流程梳理的專業化及標準化，從整體上加速企業運轉，使企業獲得更加長遠的發展。

從中可以看出，對於那些具有多樣化業務功能需求的大型企業，可採用業務流程梳理總承包工作模式。

◆ 大型企業集團業務流程梳理實證分析

1）專案包含內容

大型企業在進行流程改革時，需要對全面性發展策略及企業現有管理模式進行深入分析，尋找其流程組織、業務管理中存在的問題，並在企業內部開展系統化的資訊系統建設。

2）成立專案組織機構

要實施業務流程梳理，企業就要對業務管理模式進行分析，透過資料技術的採用提高業務流程的現代化水準。為此，企業應透過成立專案組織機構，設定專案領導小組與專案管理辦公室，在確保專案落實的同時，獲得高階管理者層面的支持。

專案領導小組中的人員組成包括：企業管理層人員、總承包商專案顧問團隊、業務部門的管理者、承擔業務流程梳理工作的企業部門，專案涉及的其他部門，還有分公司的相關管理人員等等。專案領導小組需負責以下工作：透過會議形式宣布專案開展、對流程梳理工作的實施進行監管，分析方案的可行性，考核專案實施結果等，監控企業的專案實施。

專案管理辦公室的組成人員包括：總承包專案團隊、外包專案團隊、各部門內承擔流程梳理的相關人員、分公司內負責業務流程梳理的部門管理者、業務流程的服務對象等等。這些人員需承擔以下任務：對專案實施計畫、實施進度及實施效果進行監管；對專案實施相關的事務進行管理；協調不同的業務部門；對業務管理過程中產生的數據進行統計與處理；促使業務部門檢核專案實施的階段性成果；及時發現專案實施過程中存在的問題；透過使用技術分析、檢核專案實施的效果等

3）專案管理形式

大型企業集團的業務流程梳理，是以專業化專案實施計畫為參考進行的，不僅如此，在專案進行過程中，專案團隊透過制度性規定來確保其正常營運，並透過這種方式提高整體工作品質，促使企業流程接洽其發展需求。

- 週會。專案開始實施後，專案組每隔七天舉辦一次會議，除了專案組自身的成員，總承包商專案組相關負責人也需出席該會議，對專案實施情況進行分析。同時，分公司也需召開類似的會議活動，公司內專案負責人出席該會議，並將會議重要內容遞交給公司總部負責人員。
- 月會。專案開始實施後，企業每個月都要舉辦會議，彙整並分析當下專案的實施情況。專案管理辦公室成員、專業諮商人員需出席該會議，發現專案實施過程中存在的問題，進行會議總結。
- 專題研討。專案實施過程中會遇到許多問題，需要透過會議形式指定解決方案，透過對當前問題的深入分析，結合參與者的專業經驗，設定業務流程梳理範圍，分析企業管理模式，展開業務流程布局，商討流程梳理計畫。專案組成員、各部門專案實施負責人、專業諮商人員、分公司相關負責人需出席該會議。
- 文件管理。企業與諮商機構都需配置專業的文件管理人員，對企業及分公司規劃過程中產生的文件進行集中、分類處理。

如果企業本身不具備專業的諮商功能，在進行業務流程梳理時，會有許多專業化問題得不到解決。總承包模式在成本控制、工作效率及集中管理方面比其他兩種方式都更勝一籌，對於那些規模較大、功能需求較多的企業來說，是比較理想的選擇。

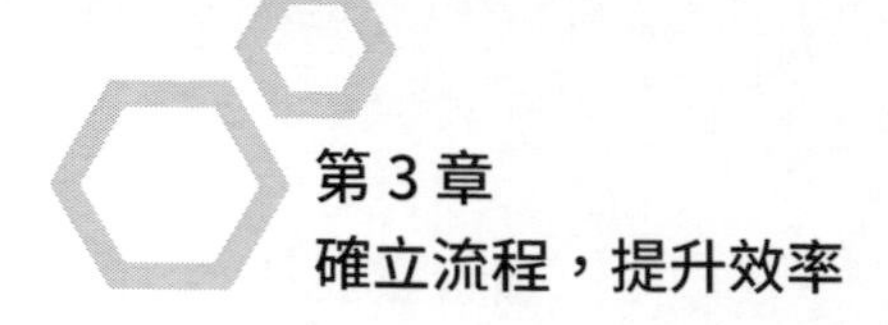

第 3 章 確立流程，提升效率

當企業需要在各類業務流程梳理模式中做出選擇時，應該考慮自身規模，對企業發展情況及流程梳理功能的需求進行分析，根據具體情況，選擇適合自己的業務流程梳理的工作模式，從而減少在工作開展過程中的阻力，提高工作效率，減少資源浪費。

以企業 IT 化為基礎的流程梳理方法

◆ 流程梳理步驟

不同企業的發展存在區別，其主導業務也不完全一致，企業的流程梳理工作會根據其發展情況及自身特點的不同而有所區分。不過，企業的流程梳理工作之間也存在共同點，一般情況下，流程梳理工作由以下幾個環節組成：

1）建立專案團隊，確立流程梳理工作目標

在此基礎上，企業才能夠更好地安排實施計畫，推測專案實施所需的成本投入。在流程梳理實施過程中，如果有管理者認為工作開展會導致自己的利益受損，可能進行干擾，為了解決這個問題，專案團隊應爭取高層支持，獲得部分管理權。

2）確定企業目標，對現有流程進行全面分析

要開展資訊化建設，第一步要做的是掌握整體發展目標，為後續的流程梳理工作提供指導。在進行流程分析時，應將企業各個流程逐一剖解，對企業的營運模式有著清晰的認知，進而找出企業現有流程中的關鍵環節及組成要素。為了確保流程分析的品質，可以與第三方諮商公司合作，並為其提供企業的相關業務訊息。

企業透過全面的流程分析及梳理，能夠從宏觀角度認知自身的架構組成，發現企業現有流程中存在的不足之處，並據此提出針對性的解決方案。若將此工作交給內部人員，很可能會受到主觀因素的影響，導致

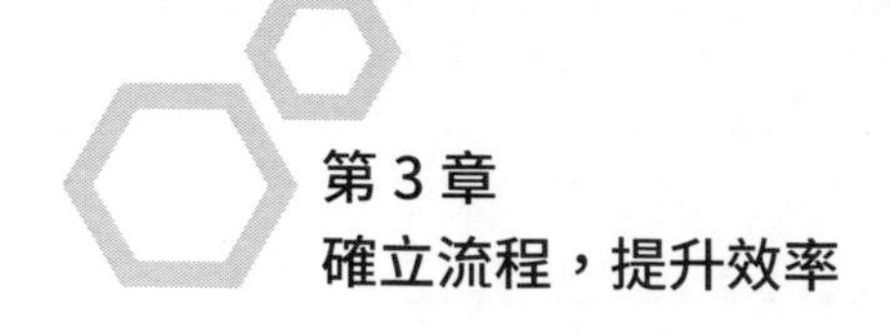

最終的分析結果偏離實際情況。若聯手第三方專業諮商機構，則能有效解決這個問題，並且能夠藉助諮商公司的豐富經驗及專業能力，確保流程梳理工作的效果。

3）在資訊化系統建設的基礎上進行流程設計

對現有流程進行深入分析後，接下來要做的是，在資訊化系統建設的基礎上進行流程設計。流程設計者應完成流程圖繪製工作，明確列舉負責流程梳理工作的部門、職位等，對各個操作環節需注意的問題進行標注。為了使流程梳理工作的順利開展，還需與各部門相關管理者進行深入交流，綜合考慮各方觀點。

4）監測專案實施效果，逐步優化

流程梳理工作結束後，還要對其效果進行監測，分析實際效果與理想效果的差距，根據企業發展需求的變化，不斷優化業務流程。換句話說，流程梳理優化是一個長期性工作，為了讓新流程適應企業發展需求，應在流程梳理完成之後，不間斷地進行效果監測，對不足之處做出調整。

◆ 專案管理流程優化

整個流程優化工作包括：現狀描述及檢核、辨別關鍵流程、結構優化、內部環節改進、流程實施等五個環節。

1）現狀描述

意即對企業當前營運的情況進行綜合性描述。現狀描述的意義展現在：對企業現有流程全面呈現；在掌握企業現有流程的基礎上，尋找不同部門間的交集，促使部門間合作；為流程優化打下基礎。

2）辨別關鍵流程

所謂關鍵流程，即企業中發揮主導作用的流程，從某種程度來說，其他流程的存在是為關鍵流程提供輔助作用。為了辨別關鍵流程，相關負責人需全方面了解企業的業務模式，對總體流程圖及不同部門的流程圖進行分析。

3）結構調整及優化

所謂結構優化，即企業對主要流程施加改革，使不同流程的營運能夠相互配合，剔除不必要的流程，新增必要流程，辨別其中的控制性因素。隨著企業資訊化建設的展開，其內部流程的控制性因素也會發生改變，在這期間，負責人還需就流程控制權限問題，與相關部門管理者及企業管理層人員達成一致。

4）內部環節改進

不同於流程結構優化，流程內部環節改進指的是對流程中的環節進行調整，以提高流程工作效率，強化企業對流程的掌控作用。內部環節的改進，需根據企業發展情況及其自身特點來開展。

5）流程實施

流程優化工作接受後，負責人應該與相關部門管理者交換意見，透過交流使他們認可自己的工作，減少流程實施過程中遇到的阻力，確保流程順利執行。

◆ 流程梳理的工具方法

在企業資訊化建設中，迄今為止尚未形成與流程梳理相關的模式化工具。不過，業務流程優化（BPI）與流程再造（BPR）之間存在共同

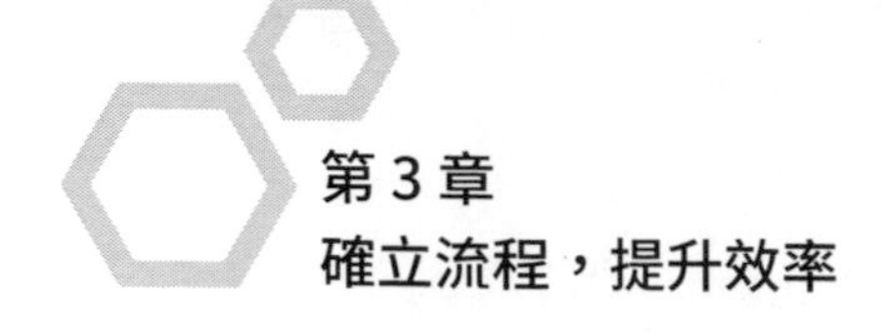

點，企業流程再造中的部分工具及手段同樣能夠在業務流程優化中發揮作用，在這裡，對五種能夠作用於業務流程優化的方法進行分析：

1）腦力激盪法和德爾菲法（Delphi method）

很多企業在制定遠景及策略目標時時、對企業再造方案進行分析時，會採用腦力激盪法和德爾菲法。腦力激盪法有利於激發人們的思維，為參與者的自由聯想和討論提供環境，旨在激發人們的創造性，並且很少對所提觀點發表意見。

腦力激盪法的採用，能夠使企業認識到現有流程中存在的問題，據此制定徹底的改革方案。在參與討論時，可以藉助於某些線上軟體營造有利氛圍，允許參與者自由發揮創意，不受等級、職位等的限制，管理者透過網路平臺，對參與者的建議進行集中處理。

當企業需要對再造方案進行價值評估時，可以採用德爾菲法。在具體應用過程中，再造方案成形後，採用匿名發表意見的形式，向有關專家徵詢意見。由專門人員對這些意見進行集中分析，再次回饋給專家，要求他們進行更為綜合的考慮，然後進行二次徵詢，反覆實施該流程，直至意見集中，得出評估結果。透過德爾菲法，能夠減少業務流程優化中的阻力，推動企業的資訊化建設。

2）價值鏈分析法

價值鏈分析法可應用於企業的流程調查，及關鍵流程辨別過程中，此種分析方法的提出者為美國管理學家麥可波特。運用價值鏈分析法，可以判斷企業內某項活動實施的意義，尋求確定企業競爭優勢。價值鏈分析法已經被不少企業當作策略分析的關鍵方法，能夠從整體上推動企業進行資訊化建設。

按照其提出者麥可波特的觀點，企業內部的活動包括兩類：主要活動與輔助活動。其中，企業的生產製造、採購活動、市場行銷活動等為主要活動；企業的技術研發、人力資源配置、高層管理等屬於輔助活動。不同的企業，根據自身發展情況採取具體的活動形式，而其共同點在於，企業透過活動開展，輸出服務於顧客的成果。所以，管理者可對企業的各項活動進行逐一分析，評估其價值大小，從而辨別出活動中存在的問題。舉例來說，以不同業務為標準進行活動類型劃分，定位出能夠實現成本節約、需實施針對性改革的活動。

3）ABC 成本法（Activity-based costing，又稱作業基礎成本分析法）

企業可採用作業基礎成本分析法來評估現有流程的成本消耗情況。這種分析方法與價值鏈分析法存在共同點，但價值鏈分析法著重於進行基本活動定位，而作業基礎成本分析法更傾向於成本控制，尤其注重分析各項活動在人工、資源方面的成本投入。

4）標竿學習

企業制定改革目標、為自身流程優化尋找參考標準時，可採用標竿學習。優秀的企業能夠成長為產業翹楚，該產業內的同類企業也希望自己能夠透過發展增強競爭實力，而優秀企業在營運過程中設定的某些標準，則可為同類企業提供參考。

這五種方法都可作為企業參考的依據，但在實際應用時，企業需要根據自己的實際情況及發展需求來恰當選擇，要勇於突破傳統思維模式的限制，為提高流程梳理及優化工作的品質而努力。

透過實施流程梳理及優化，企業能夠更好地掌握全局，進而開展資訊化建設，提高決策的針對性和有效性。另外，流程梳理能夠使企業全

面了解自己的流程設定及布局，在發現問題的基礎上進行改革，從而加速整體運轉。無論是流程梳理還是流程優化，都要以企業具體發展情況為參考，選擇恰當的方法及工具，按照預定進度開展。

產品服務的流程梳理方法

很多企業，特別是大型企業，都存在流程方面的問題，不少企業不同部門之間存在業務交集，但各部門相互推卸責任，導致各個業務流程的營運錯綜盤雜、梳理困難，使企業的流程優化面臨諸多問題。而在企業發展過程中，也會出現許多與流程相關的問題。儘管企業對流程管理的探索已經超過 20 年，但從現階段企業的流程管理狀況來看，還有相當一部分企業對流程管理沒有清晰的認識，也沒有掌握流程管理的具體方法。

業務流程再造的發起人之一麥可·哈默（Michael Hammer）在《哈佛商業評論》（*Harvard Business Review*）上發表了流程成熟度評估模型，按照他的觀點，企業的流程管理主要包含以下幾個時期：

- 第一個時期：企業尚未建立流程。這個階段的企業雖有業務，並且能夠維持自身營運，但沒有展現出既定流程，企業的活動組織是根據發展需求臨時決定的，其營運決策掌握在管理者手中，管理者根據自己的經驗下達指令。
- 第二個時期：企業內部出現分散流程，但沒有以體系化方式表現出來。
- 第三個時期：企業形成了固定的流程，並具備完整體系。
- 第四個時期：企業不僅擁有體系化的流程，還形成完善的流程管理模式。比如，企業可透過技術確保流程實施，能夠有效應對流程實施過程中出現的問題，達到預定結果。

▶ 第五個時期：企業建立了完善的流程管理體系，並且能夠確保實施效果。在這個時期，企業已經具備清晰的流程，同時，能夠採用技術推動流程管理，為企業的發展變化提供支持。

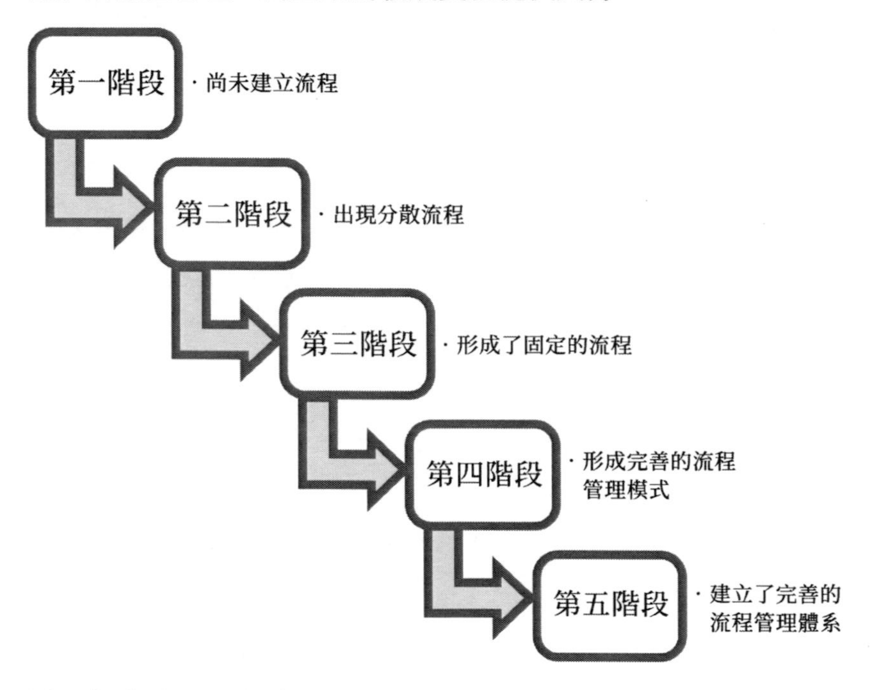

透過觀察流程成熟度模型可以得出的結論是，企業在進行流程管理時，應先進行流程梳理，固定流程形式。在進行流程梳理時，應綜合考慮客戶需求，以產品和服務為切入點。在實施過程中應關注以下幾點：

◆ 以客戶需求為導向

對客戶本身及其需求進行分析，據此確定企業的業務模式，並逐步完善自身的產品與服務。在實施企業管理時，管理者需明確了解企業的主導業務及發展方向、目標客戶、客戶的需求、企業管理應達到的效果，並制定具體的發展計畫。

在對企業發展情況有了全面了解後，才能圍繞產品和服務進行流程梳理。流程即企業透過開展活動接洽客戶的需求，因此，要進行有效的流程梳理，就必須先明確了解面對哪種類型的客戶，企業能夠推出哪些服務，而在制定企業目的及長遠規劃時，也需考慮上述問題。

透過分析客戶的需求以及公司的產品和服務模式，能夠提高公司的產品品質和服務水準，當然在這個過程中也需要考慮企業自身的因素，例如企業所處的環境、企業當前的發展階段等等。總體而言，企業的客戶有三種類型：內部客戶、市場客戶、企業的相關利益方及直屬管理機構。

◆ 關注流程架構

確定了企業目標客戶及其需求，接下來就要從整體上分析企業的業務布局，即實施流程地圖的梳理工作。從整體層面上分析自身業務架構，要求企業的管理者能夠全盤性考慮。在這之後，規劃範圍需要從整體調整到區域性，分析具體的業務形式，為各個層級的管理者提供參考。

將流程地圖細分為業務操作流程，通常需做出多個層級的分解，管理者可透過這種方式對業務流程有著清晰、具體的掌握。

◆ 關注流程細分程度

提到流程細分程度（流程包含的業務範圍），不同的人有不同的看法。而且，就現有的很多流程細分程度原則來看，無論是管理效率、績效考核方式、員工工作能力等，都偏重於理論層面，難以具體實施。

除此之外，還有一種流程細分原則強調的是流程和輸出對象之間的對應關係。所有流程都有相匹配的表單，且各個表單之間不存在交集。輸出對象，即與產品和服務相關的管理活動，因此，梳理對象，即對產品和服務進行梳理。而且，這種流程細分原則具有較強的實用性。

◆ 關注核心流程

企業透過提供產品與服務來接洽客戶需求，而企業自流程啟動到透過業務營運來滿足客戶需求的整個過程。針對核心流程開展梳理工作，就是圍繞產品和服務，對所有流程進行組織安排，最終形成系統化、整體流程的過程。

企業內各個流程都是核心業務流程的組成部分，核心流程產生的結果就是產品和服務。核心流程的梳理工作不僅能夠發現流程清單中存在的疏漏，還能展現對產品和服務的完成過程，在方便管理者檢驗流程效果的同時，加速流程運轉。不僅如此，核心流程的梳理工作，還能幫助管理者促進不同部門間的業務交集，促進各個部門之間的合作。

實務證明，圍繞產品與服務實施流程梳理工作，能夠推動企業發展。它能夠使管理者掌握企業的流程布局及營運方式，並在此基礎上提高管理品質，為後續的流程優化鋪路。

第 4 章

流程執行

確實執行

有這樣一個案例：某公司的流程管理職位已經設立多年，但在公司因業務不景氣陷入發展困境而需要裁撤員工和部門的時候，果斷地撤除了流程管理職位。當時被裁掉的流程管理主管對公司的這一做法十分不解：流程管理應是解決發展困難、幫助公司提升經營績效的有效職位，為何在業務不景氣最需要實行流程管理的時刻卻被裁掉？

其實原因也很簡單，因為該公司的流程管理職位並沒有真正發揮出持續提高業務績效的功能，沒有向高層管理者證明自己存在的價值，自然也就被果斷裁掉。

作為一個以盈利為終極目標的組織，企業之所以願意導入流程管理，不是因為這一概念和理論受到廣泛追捧而去追求時髦，也不是為了單純的嵌入流程管理系統，最終和最根本的動力還是價值訴求，是希望藉助流程管理獲得更好的問題解決方案，持續提升企業經營績效。

因此，流程管理人員要獲得公司認可，首要前提是將流程管理系統落實，透過流程管理的創新理念和方法解決公司問題，為公司帶來盈利，讓管理者看到流程管理職位在提升經營績效方面的價值。

流程管理要發揮作用，必須從理論走向實踐，即設計出來的優秀流程體系被有效和高效地執行，使流程體系真正創造價值，為公司帶來效益。其實，在流程管理不斷發展成熟並廣受關注的情況下，對一個公司而言設計出合理有效的流程體系並非難事，更關鍵的問題在於如何讓設計出來的好的流程體系真正落實和有效執行，讓公司真正受益。

藉助有效的流程規劃與設計，公司可以獲得一個符合策略導向、各環節緊密順暢銜接、職責清晰、具有較高增值活動的流程體系。這一流程體系的設計能力十分卓越，本身也具有較強的競爭力，能夠幫助企業大幅提升營運效率和績效。

不過，這種好的設計僅僅是理論上和書面上的，並不真正代表流程體系的實際能力，因為更加重要的是這種卓越的設計能力在實際運作中能否被充分地發揮出來轉變成企業的營運能力。這就涉及到了執行力的問題 —— 具有超強執行力的公司能充分甚至超常發揮設計能力，成功獲得流程體系的價值；而執行力較弱的公司常常無法真正發揮或者只能部分發揮出卓越的設計能力。

用數字更能讓人們直觀感受到執行力在發揮流程管理價值中的核心作用。比如，若公司流程體系的設計能力為 10，但執行力很差，只有 10%，則最終結果是 10×10% ＝ 1；而如果設計能力只有 6，但執行力超強，甚至能夠百分百地將設計落實，則流程體系的實際績效為 6×100% ＝ 6，仍然遠高於設計能力強但執行力很差的流程體系的實際能力。

特別是在實際運作中，獲得好的流程設計對企業來說並不困難，但要將流程管理計畫階段的內容完整落實，將流程管理的先進理念、方法和經驗真正融入到企業營運中，對很多企業而言卻並非易事。正因如此，流程執行才顯得更加重要和關鍵，是需要企業高度聚焦的地方。流程不執行或執行不到位，企業的實際營運狀況就不會真正的得到改變，流程管理的價值也自然無從談起。

很多企業對 ISO9000 品質管制體系應用的失敗也充分表明了流程執行的重要性。很多導入 ISO9000 品質管制體系的企業對其都十分重視，由高層主導從上到下地推進該體系的實施；同時，很多公司還在諮商機

構、外部專家等的幫助下，建構出一個優秀的文件化品質體系，也導入了一系列先進的國際品質管制理念。

然而，由於執行乏力，這個投入大量資源精力建立起來的完善的 ISO9000 品質管制體系，最終卻並未真正發揮出應有的價值能力，逐漸流於形式，甚至成為一些企業在品質認證方面造假與敷衍的「防護帶」。

流程管理工作面向的是動態的業務和組織運作流程，焦點也是在流程價值的優化與提升上。因此，流程管理人員從方案設計之初就應以執行為導向，不僅要設計出好的流程體系，更要著重思考如何推動流程體系有效、高效的落實，實現流程執行，從而真正發揮出流程管理的價值，提升企業經營績效。

突破瘸結點

一些企業投入大量資源精力進行流程優化工作，並制定了相應的作業手冊，但卻由於不執行或執行不到位，導致優秀的流程體系無法真正下放，最終使前面所做的工作變得沒有價值。因此，流程優化過程中的關鍵是保持流程執行必要性，讓流程體系真正發揮作用。

企業的流程優化專案中，高層管理者應該著重強調流程執行必要性的重要性：流程優化完成後，各級主管要帶頭嚴格按照流程開展工作；任何人都不能隨意破壞流程，即便對流程有異議想要修改完善，也必須按照規定的流程操作。從策略上確保流程是第一順位，將流程執行過程公開化，並大幅提高違反流程的成本。

為了打造出符合公司實際運作的權威有效的流程體系，企業還應該一方面設計出好的流程，並藉助流程 E 化等技術保障流程執行的必要性；另一方面也要持續進行流程優化，建立執行必要性基礎上又不失靈活性的流程體系。

具體來看，可以將流程執行無法完全落實的原因細分為「不知道」、「不合理」、「不願意」三個方面。

◆ 流程普及不充分，無法及時執行

很多企業只是透過流程管理人員「閉門造車」設計流程，編制和修訂流程，然後經過審核公布在公司內部網路或公告中：「XX 流程／制度從 X 月 X 日開始執行」。然而，一段時間後公司的一切還是照舊，發布

的公文通告或者被組織成員直接忽略，或者雖然了解了流程制度，但卻由於不知道如何執行而擱置。

基於此，可以透過以下兩種方式解決「不知道有流程或者不知道流程如何執行」的問題：

1）進行流程優化方案討論

流程優化專案不能只靠流程人員埋頭設計，而是要對流程優化涉及到的職位、工作等進行詳細的調查，與成員深度交流，聽取這些關係人的想法和意見，並及時召開跨部門溝通會議，將流程優化的原因、目的以及優化方案的關鍵點等內容精準傳達給各部門，從而使企業內部對流程優化方案達成共識，為後續流程專案的執行奠定基礎。

2）加強流程培訓宣導

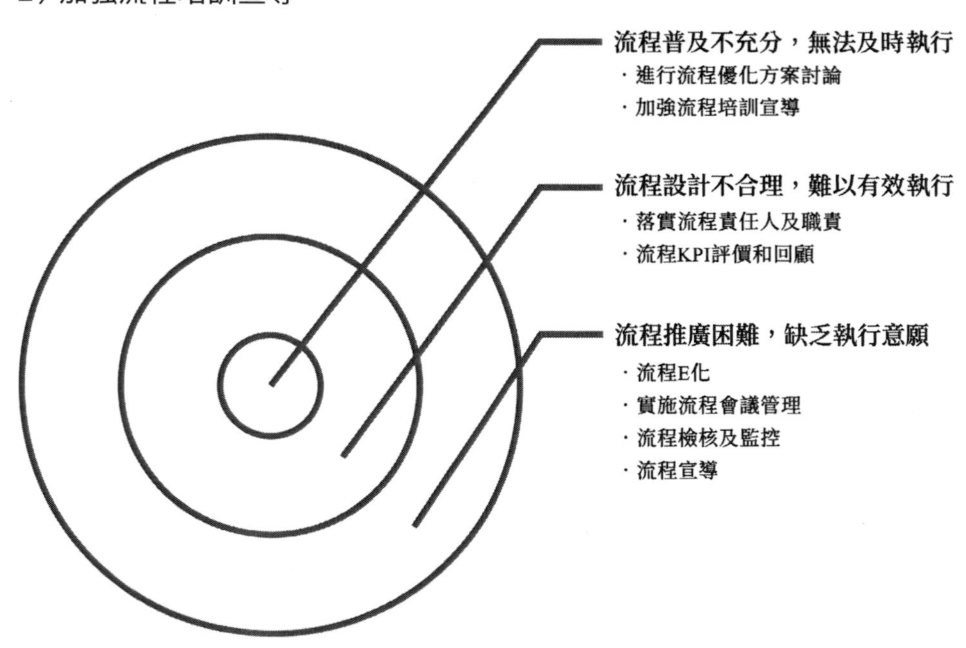

圖 流程執行不到位的主要原因及應對策略

如果流程優化方案涉及範圍較大且對以往的流程有重大調整，則需要企業加強流程培訓和宣導，以淺顯易懂的方式將流程內容準確傳達給執行人員並建立標準化的執行步驟，如製作影音檔案、模擬業務場景等。只有透過流程培訓宣導讓執行人員精準掌握了流程要點，才能使流程參與者知道如何開展工作、如何執行流程。

◈ 流程設計不合理，難以有效執行

流程執行必要性的前提是流程設計合理，符合實際業務需要。然而，在流程設計過程中，很多企業都忽視了對流程方案的充分論證，或者是在業務發生變化時沒有及時對流程進行調整優化，從而導致流程本身不合理，脫離公司實際業務，自然也無法有效執行。

對此，可以透過兩大措施確保流程優化與業務調整的同步，解決「不合理」的問題：

1）落實流程責任人及職責

任何工作的成功開展都必須首先確立責任主體。因此，流程持續優化和執行的關鍵一步是確立流程責任人。

首先，作為組織管理和業務運作的載體，流程優化本身就是一個分析、思考、模擬業務運作和建立管理體系的過程，而流程責任人則是這一過程的策劃設計者，負有將管理思想和要求融入流程並執行的責任。

其次，流程責任人承擔著確保流程優化專案運作績效的責任。即透過設定可衡量的績效指標和流程優化目標，對業務進行精細化管理，從而藉助流程系統持續優化公司業務，提升經營績效。

最後，流程是知識的載體，而流程責任人要扮演團隊主管和教練的角色，透過流程累積知識經驗，盡快培養團隊的流程參與能力，建立流

程執行規範以更有效地指導下屬工作。

確定流程責任人之後，下一步就是對責任人的角色職責進行清晰定位，即對流程責任人要做哪些工作、要實現何種目標、擁有哪些權利等內容進行明確規定和細化，使他們可以「依之而行」，不至於茫然無措。

公司高層要充分認知到流程責任人這一角色的重要性，賦予真正的力量並監控其表現情況，使這一角色的工作好壞直接影響到流程專案的結果。同時，要將流程責任人這一角色納入權力系統中，為其提供更好的職業升遷和自我發展機會，如此才能吸引有能力的成員去做這份工作並努力做好。

2）流程 KPI 評價和回顧

企業要實現流程的持續優化，最大程度地發揮流程管理體系的價值，就必須將流程置於頂層策略高度，建立流程 KPI 評價和定期回顧的長期機制。一個高度重視流程體系的企業，必然會圍繞流程展開各項工作，定期召開專門會議對流程 KPI 進行評核並對流程優化進行討論，或者將流程優化的議題作為公司策略執行回顧或經營分析等重要會議的內容。

◆ 流程推廣困難，缺乏執行意願

企業中總會有一些人員不想受制於流程，從而在主觀意願上就不願按照流程開展工作。對此，企業可以透過「強制手段＋文化理念推動」結合的方式，保持流程執行必要性，推動流程體系順利進行。具體來看，主要包括四種方式：

1）流程 E 化

流程 E 化即藉助 IT 技術對流程執行情況進行全方位監控：流程執行到了哪個部門、下一步由哪個部門接替、哪個部門執行順利、哪個部門受阻和耽擱等，都可以在 IT 系統中一目了然，從而讓流程執行的每一步都暴露在「陽光」下，使流程參與者不敢不執行或敷衍了事。

同時，流程 E 化也有利於實現資訊共享同步、手工處理的自動化，以及進行知識累積等，因此對於涉及範圍廣、需要大規模重新調整的流程的有效執行更具價值。很多企業也將流程 E 化作為保持流程執行力的最佳方式。

不過，企業在流程 E 化過程中應避免唯 IT 化，即要基於流程專案特性進行整體 IT 規劃，以真正發揮 IT 系統的最大價值。IT 整體規劃包括：

- 流程 E 化深度：E 化的目標是實現流程結果管理、過程管理還是表單管理，即是只需要將流程執行的輸出結果形成分類的知識文件庫管理，還是需要具體到檢核設計環節，甚至細化到對流程中表單數據的資訊進行統計分析管理。顯然，流程 E 化深度不同，建構 IT 系統時的要求也就有所差異 —— 前兩種目標只需常規的協同辦公系統即可實現，最後一種 E 化深度則需要藉助 ERP、CRM、PLM（Product Lifecycle Management，產品生命週期管理）等更為專業的 IT 系統。
- 流程 E 化方案：是對企業現有的 IT 系統進行二次開發或深化應用，還是直接購置新的系統平臺？
- 流程 E 化實現的優先順序：現有的業務模式是否成熟？業務流程的優化推廣與流程 E 化實現的時間安排是否一致？

2）實施流程會議管理

對於一些策略類流程或有著多項評估決策點的流程，可以透過定期的會議制度推動流程的強力執行。如公司的策略制定，明確訂定什麼時間召開策略討論會議、什麼時間召開策略發布會議、什麼時間召開對下級業務的策略規劃質詢會等。

這類流程需要執行的頻率不高，但時效性和目標要求較高，因此可以透過會議管理增強流程執行力。一方面藉助定期會議制度讓流程執行人員產生壓力，促使他們在會議前有效落實流程要求；另一方面建立流程執行效果公示機制，透過預期的公開曝光最大程度地減少流程執行中的拖延和不必要的失敗情況。

3）流程檢核及監控

只有建立了合理的監督考核機制，才可能真正實現流程的高效執行。一方面，要透過流程關鍵指標評估對流程執行效果進行及時監控和回饋。如對於客戶服務流程，可以透過定期評估相關人員解決客戶投訴問題效率的方式獲取流程執行情況，若指標值異常則要及時進行流程稽查。另一方面，要定期檢視重點流程是否被有效執行。同時，還應建立合理的獎懲機制，根據稽查或評估結果對流程責任人進行考核，提高違反流程的成本。

4）流程宣導

上述三種方式都是透過外在壓力的硬性方式推動流程的有效執行，而宣導則是從理念和認知層面改變員工態度，讓員工從「要我執行」轉變為「我要執行」。因此，企業應加強流程宣導培訓，提高流程的權威性，培養每一個員工以流程為準則、用流程意識去工作的態度和習慣，將流程執行內化到成員心中，讓員工願意積極主動地去做這項工作。

設計制度

在企業中也很容易找到諸如安全管理制度、人事管理制度、財務管理制度等大大小小的管理制度。然而，更為關鍵也是讓很多管理者感到尷尬的情況是，這些制度常常淪為「擺設」，難以真正執行到位。

◆ 企業制度設計中常見的問題

一些看似不錯的制度最後卻流於形式，根本原因還是企業在制度設計和制定過程中出現了問題：

1）制度制定隨意

一些公司在制度設計和制定方面缺乏整體規劃和統一標準，沒有專門的制度設計人員或部門，結果常常是「多頭馬車」，有一定權力的部門都熱衷制定某項制度，從而導致制度不合理、彼此重疊或者缺乏連貫性和一致性。

2）制度的制定缺乏規則

一些企業在制度制定方面比較隨意，對制度的構思、擬定和發布實施的整個過程缺乏完整的管理方法，沒有建構出規範化、標準化的制度制定流程，因此很容易出現考慮不周的情況。

3）制度執行缺乏監督和控制

設計出新制度後，一方面企業沒有責成專門人員或部門將制度內容向全體成員傳達和講解，從而導致制度只傳遞到部門主管層，實際實行

中出現「政令不暢」的情況；另一方面在制度執行過程中也沒有建立有效的監督和控制機制，從而使制度最終淪為「一紙空文」。

4）制度缺乏變通

當今時代，不論是相關的經濟政策、法律法規，還是企業面臨的整體商業環境和市場格局，都處於快速變化之中，而一些企業卻對此「視而不見」，不能根據外界環境變化及時對制度進行調整優化，執行的仍是幾年甚至十幾年之前的制度。

5）照抄硬套，不切實際

制定制度的目的是為了優化流程、提高績效。然而，有些企業並不是基於自身實際情況設計符合需要的制度內容，而是簡單地照抄硬套其他公司的規章制度，或者簡單地聘請一些諮商機構為自己設計幾條制度內容。

6）制度「朝令夕改」

還有一些企業對制度「朝令夕改」，管理者突然想到某件事情或者發現某個問題就立刻要求相關部門擬定一項制度，而當制度剛剛公布實行時又因為覺得不合適或其他原因而宣布廢止。這種缺乏理性規劃的行為，只會導致制度失去權威性和信服力。

比如，一個企業沒有休息休假制度，員工需要常常加班工作；當老闆聽到員工關於這方面的回饋和抱怨時，就「熱血沸騰」立即要求人力資源部門擬定一個休息休假制度。然而，該制度實施不到一個月就又被老闆廢除，理由是為了有效保障企業效益。

上述企業制度設計中常出現的問題都可能導致制度執行不力甚至最終流於形式，進而影響企業績效。對此，最佳的解決方案還是從根源上做好制度制定的流程化。

◈ 制度設計：確保流程有效執行

制定制度是為了對員工形成一種外在壓力和約束，讓他們不論在主觀方面是否願意，都必須有效執行流程，從而確保流程設計的順利和實現最終目標。制度設計的基本預設是：人有好逸惡勞、逃避工作的天性，常常不夠理性和自律，需要外在的規訓和引導。

流程設計出來後，並不會被團隊成員自動執行，而是需要某種約束或激勵的推動，這些約束或激勵內容通常是以制度的形態表現出來。制度具有正規性、強制性的特點，是公司內部所有成員都必須遵從的「法律法規」。因此，為流程輔以相應的制度，透過制度引導流程參與者的行為，能夠最大程度地確保流程專案完整、有效的執行。

總體來看，流程執行的配套制度包括兩個層面：一是流程需要遵守的規則，主要是讓流程執行有章可循，同時將流程的關鍵點以明確地、具有權威性和約束力的制度形式管理，這也符合流程設計的整體思路；二是流程執行的績效獎勵機制，主要是透過相關的獎懲內容，讓流程參與者既有為避免違規而不得不嚴格執行流程的壓力，也有為了獲得誘人獎勵而主動高效執行流程的內在動力。

為確保流程強力執行，相關的制度設計通常包括以下內容：

1. 流程運作的方法：指流程執行的活動步驟。只有制度設計中明確地限制人們在流程執行中的「越軌」行為，才能有效確保流程實際操作時是按照流程設計的步驟展開，發揮出流程價值。另外，流程運作的方法常以流程圖的形式展現出來。
2. 流程運作的規則：即為確保流程目的順利實現需要遵從的規則，如流程操作過程中的改單、排單或插單規則。流程運作規則可以有效確保流程的良性有序執行、降低流程執行的風險、執行流程設計的

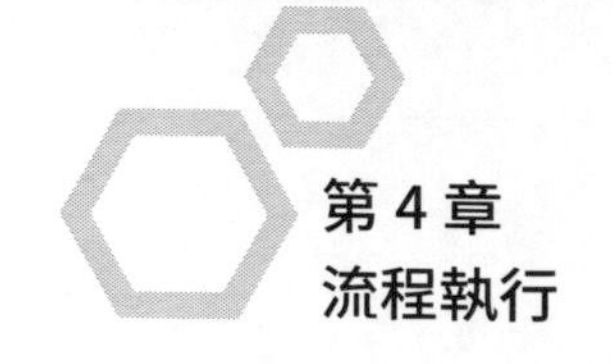

策略，從而確保流程目標的成功執行。

3. 流程執行的職責分配：主要是確立流程團隊職責以及團隊中成員的分工合作，以便使流程設計中的每一項工作都有具體的執行者和責任人，確保流程中的每一環節和任務都能有效執行。
4. 流程執行的管理要求：即對流程執行提出具體的績效要求，以確保流程目標的順利實現。主要包括流程的整體目標和關鍵節點的 KPI，以及流程中每個節點需要做到何種程度才算完成要求。
5. 流程運作績效的評估規則：包括流程檢查、流程績效評估、流程審核等制度內容。只有設計出合理的流程運作檢查評估機制，才能杜絕執行人員的僥倖心理，從制度層面確保能夠及時發現流程執行不到位的情況。
6. 流程執行績效的獎勵規則：即將流程執行的獎優罰劣內容從制度層面予以確認和保障，使流程執行不到位、沒有達到要求的責任人受到懲罰、約束，流程執行優秀的成員則獲得豐厚獎勵。如此，執行人員便有了壓力和動力，更加嚴格、高效地完成流程目標。

建立規範體系

很多公司都開發設計出了大量優質流程，這些流程常常在優化產品品質、降低業務成本、提高經營效率、實現風險管控等方面有著很大作用。不過，流程價值發揮有一個基本前提，即流程執行成功。因為再好的流程如果不能被充分有效的執行，也永遠是「紙上談兵」，不僅使流程開發設計人員的成果失去價值，也是對這一公司無形資產的閒置與浪費。

具體來看，可以從以下幾點著手建立流程規範體系，透過監督管控推動流程執行：

◆ 充分發揮各級管理者的監督作用

流程體系管理部門要定期對流程執行和設計部門進行檢視，抽查流程執行情況，及時發現執行不力的情況並督促改進，以確保流程充分執行。同時，公司管理者不能把流程執行的監管責任完全歸於稽核部門，因為作為流程監護人的各級管理者才是對流程執行情況進行監督的真正主體。

一方面，流程執行情況直接影響著業務結果和組織績效，而後者的責任主體顯然是管理人員，這要求他們必須擔負起對流程執行情況進行監督檢查的責任，以避免因流程執行不力影響組織績效；另一方面，各級管理者比較熟悉業務情況和問題，在流程執行監督方面要比稽核部門更加高效和有針對性。

◆ 注重流程設計的品質以及宣導與培訓

一方面，企業在進行流程開發設計時就要充分考慮到流程的可操作性、是否符合公司業務實際情況、流程要求是否明確等內容，以確保流程設計品質，避免因品質方面的問題導致流程難以被執行。

另一方面，流程發布後也並非立刻就能被執行，還要做好一些準備工作，主要是對流程參與者進行宣導和培訓，使這些執行人員對流程內容、要求、目標等有著精準深刻的認知，以確保流程能被充分、有效的執行。

◆ 提高員工執行流程的積極性與主動性

透過流程宣導，塑造企業內部良好的流程氛圍，培育和提高員工的流程意識，讓員工了解流程對他們工作的作用，體會到流程對工作的簡化有（雖然有些流程可能會讓一部分員工的工作更加繁瑣複雜，但這也是出於流程整體最優和規範化管理的需要）價值，從而使員工真正認同流程，願意自覺主動地執行流程。

企業可以透過看板、案例分享、部門會議宣導等多種方式塑造內部流程氛圍、培育和提高員工流程意識。此外，企業中高層管理者在流程執行方面的以身作則以及在某些關鍵場合對流程執行重要性的強調，也十分有利於流程氛圍的塑造和員工流程意識的提升。

另外，人都有趨利避害的本能，因此各級管理者可以運用績效考核的方式，將流程執行與員工利益連繫起來，讓員工不論願意與否，都不得不出於自身利益的考慮而按照流程辦事。

◆ 將流程自我檢視與專責稽核相結合

當前流程管理部門主要透過抽樣檢核、現場觀察、壓力測試、檢視檔案與記錄等流程稽核方法對流程執行情況進行抽查、監督，並在報告中對各業務部門的流程執行情況進行回饋，以督促各部門重視流程執行工作、更充分高效地執行流程設計。

同時，一些有能力的部門還可以參照管理部門的稽核方法，在內部開展自我稽核工作，以強化部門中的流程氛圍和成員流程意識，更好地完成本部門的流程執行工作。

企業可以透過流程 E 化的方式建構流程專案的 IT 系統，透過 IT 化管理實現流程強化，提升流程執行力。

◆ 對關鍵業務流程設定績效指標進行監控

當整體業務流程環節不斷被打通時，企業可以對關鍵業務流程設定績效指標（流程週期、流程單位成本等），定期統計分析這些關鍵績效指標，以及時發現流程執行中可能出現的問題並找到原因，推動後續流程執行工作更好的展開。

透過上述制度設計，企業便可以塑造內部流程氛圍、培育和增強成員流程意識，提升公司整體的流程執行力，有效完成流程目標，最終實現經營績效的優化提升。從另一個角度來看，在日益激烈的現代商業市場競爭中，那些競爭力強悍、能夠戰勝對手存活下來的企業，也一定是擁有好的業務流程並能充分有效地完成流程執行工作的企業。

流程的績效考核

在沒有資訊化系統輔助的情況下，如何讓流程被高效執行，讓好的流程專案順利執行，是流程管理工作面臨的一個重要難題。特別是流程梳理、流程優化和流程強化等關鍵點的執行，更是受到越來越多企業的關注。

大致來看，流程執行之所以難以完成，主要是因為：

1. 對於流程優化後將為企業帶來何種有益的影響和價值，缺乏有效的論證方法和原因分析，管理者不能真正了解和認同優化後流程的價值，重視程度有限，導致流程執行困難。
2. 流程改變必然會對部門原有的權責關係和利益分配造成影響，同時員工本身的思維和行為慣性也會造成他們對優化後流程執行的牴觸；而缺少了中層與基層的支持，流程便很難真正執行。
3. 缺乏有效的機制保障也是流程難以執行的重要原因。

當前很多企業雖然也做流程設計和流程管理，但結果常常流於形式，只是獲得一些被束之高閣的流程圖，而無法將紙面上的內容落實。這雖不一定成為負擔，卻也無法讓企業真正嘗到流程管理的甜頭。

究其原因：一方面，諮商機構服務的重心是為企業提供流程方案，而很少有可以幫助企業進行流程執行，企業只能依靠自身；另一方面，很多企業都沒有建立確保流程執行的相關方法，而且依靠企業自身推進的自我變革，也必然會受到「保守力量」（固有的體制、既得利益團體等）的嚴重阻礙。

對此，可以透過建構以流程為導向的績效考核制度來確保流程的順利執行。近些年，越來越多的企業開始關注以流程為導向的績效體系，開始從以往的「KPI、BSC、EVA」三大績效考核模式轉向「流程導向的績效體系」，將優化後流程的執行情況納入部門與員工的考核指標，以此提高流程影響範圍，確保流程被充分有效的執行。

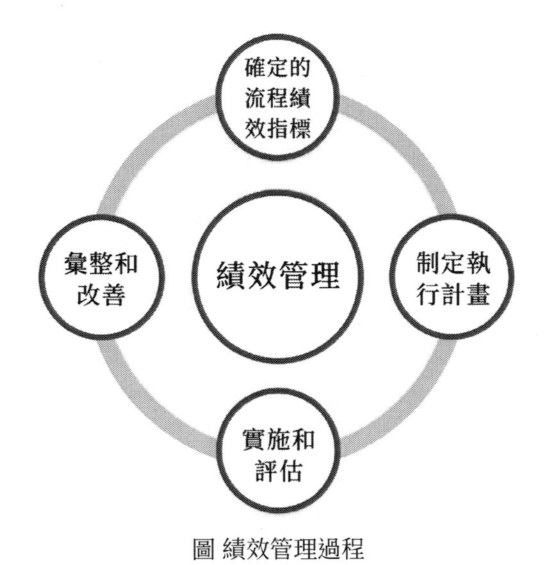

圖 績效管理過程

流程正式執行之前，企業首先應掌握流程優化的原則和目標，進而在此基礎上制定符合企業現狀的流程指標，據此考核後續的流程執行情況。在流程指標設計上，應掌握「在精而不在多、在可行而不在細緻」的原則，建立一個簡潔可行、以最終產品為主而不是各部門、關注重點流程和關鍵環節的流程指標。

同時，為了便於後續的流程執行與績效考核，企業在制定流程指標時要與被考核對象進行反覆深度溝通，充分徵詢部門主管和員工的想法與建議，從而讓執行部門和人員對流程內容和指標達成共識，減少後續執行過程中的阻力因素。

設計出流程指標後，企業也不必急於考核，而要先制定出合理的流程執行計畫。流程執行計畫要循序漸進，讓員工有一個適應熟悉的過程，由點到面、由淺入深；同時還要全面充分地考慮流程執行中的資源配置、員工的積極性、對業務的熟悉度等各種可能影響流程執行的因素，並制定有效的流程執行情況的追蹤檢查方法。

另外，企業也要考慮到某些成員對流程績效考核的反感和牴觸情緒，採取有效的預防措施。比如流程執行初期，流程績效指標「重獎不重罰」，對執行良好的成員進行公開獎勵，以此激發員工的榮譽感和積極性，推動公司整體流程執行力的提升。

流程正式執行後，企業要不斷對流程本身以及流程績效指標的執行情況進行彙整、回饋與優化，以確保兩者都被切實有效的執行。

在透過流程績效考核對流程執行進行「鞏固」時，企業還需要注意下面兩點：

1）流程績效考核不能急於一時

績效考核不達標，對員工而言意味著薪資和獎金收入減少。因此，在流程執行前期，企業最好採用「重獎不重罰」的方法，以降低員工對流程的牴觸心理，提高流程執行的積極性；在流程執行一段時間，各業務部門和員工對流程和流程績效指標都比較熟悉和適應以後，再考慮漸進推行獎懲並行的流程績效考核方式。

2）流程指標制定要簡單實用

很多企業在做流程績效考核時，都覺得指標越大越全、越能覆蓋業務各個方面就越好。然而，在實際操作中，這種大而全的指標反而沒有實用性和可操作性，常常很難真正推行，自然也無法為流程的執行提供有力保障。因此，最佳的方法是根據流程目標和原則，針對重點流程和重要節點建立符合業務現狀的流程指標；待整個指標穩定運作後，再根據實際需要決定是否拓展績效考核的廣度和深度。

流程導向的績效考核雖不是增強流程執行力的唯一方式，但如果企業運用合理也不失為一種確保流程執行的有效手段。而且，與流程 E 化方式相比，績效考核的實施成本更低；特別是在企業不具備資訊化條件的情況下，流程導向的績效考核常常成為企業提升流程執行力的最佳解決方案。

第 5 章

流程控制

流程重建與內部控制設計

在企業管理者對現有的企業經營模式及組織形式愈發不滿的背景下，由美國學者詹姆斯．錢皮（James Champy）與麥可．漢默（Michael Hammer）提出的企業流程再造理論受到了各大企業的追捧。

企業流程再造強調對傳統企業業務流程進行顛覆性改造，使組織實現從以職能為核心轉向以流程為核心，從而讓企業更為靈活的應對外界環境，提升企業的核心競爭力。

有多家企業積極嘗試進行企業流程再造，意圖透過對企業流程的重新設計，來應對同產業競爭對手的同質化競爭，這使得從業務流程再造的角度進行內部控制設計演變成為一種潮流。我們不妨先來了解一下企業流程與內部控制之間的關係。

◆ 矛盾衝突

企業業務流程再造要求企業重新檢視傳統的職能分工作業流程，打破部門之間的邊界，使企業業務流程更趨扁平化、制度化。由於新的組織管理是以流程為核心，企業將變得更為靈活，員工創造價值的能力與積極性獲得大幅度提升。透過進行權力再分配，基層員工獲得一定的決策權，從而讓他們更為主動地創造價值，使組織成員改變以往各自為陣的本位主義思想，和其他組織成員進行交流合作，推動企業逐步發展壯大。

企業業務流程再造後，使組織結構愈發扁平化與去中心化，減少了組織的層級，使成員之間的溝通合作變得更為高效。在新的業務流程的指引下，企業能夠長期穩定運轉，而且對於個體才能的依賴性大幅度降低。從某種程度上來說，企業流程再造的核心思想是授權，而內部控制的目標則是為了更好地進行風險控制。

為了讓企業的風險得到有效控制，各個部門被授予了明確的權利與責任，並設定了監管部門對各個環節進行制約及監督，一個系統完善的作業流程的實現需要經過多個獨立控制環節才能實現，而且流程內部核心環節的控制權限都要向上級申請。所以，內部控制強調掌權，這與企業流程再造形成了一定的矛盾。

◈ 內在連繫

簡單地看，企業流程再造與內部控制之間的差異，使企業從內部控制角度上對新的業務流程重新設計似乎很難執行。但如果我們進行深入分析，便會發現兩者之間的差異只不過是一種表象，在本質上，兩者之間存在著以下幾個方面的內在連繫：

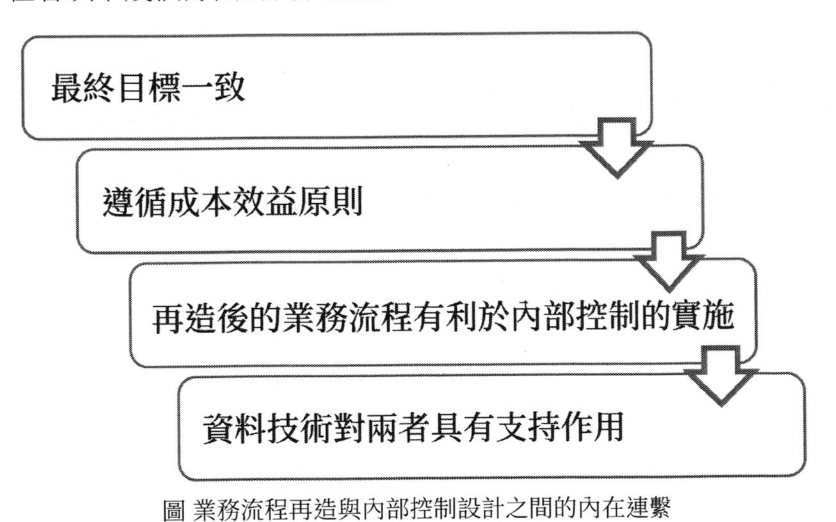

圖 業務流程再造與內部控制設計之間的內在連繫

1）最終目標一致

企業流程再造的目標是為了更好地藉助於企業業務流程及組織結構的優化重組，來降低營運成本、提升管理及營運效率，從而實現企業價值最大化。同時，我們也注意到在進行企業流程再造的過程中會出現各種類型的阻礙，從而導致企業難以實現最終目標。

企業進行內部控制的完整過程可以分為事前評估、事中監管及事後考核三個階段，而後兩個階段正是為了對企業業務流程的執行進行有效控制並考核。科學有效的內部控制，可以有效降低企業流程再造的預期目標與實踐結果的差異性。所以，內部控制追求的就是讓企業業務流程能夠穩定、高效地執行，從而達到企業所追求的長期策略目標。

2）遵循成本效益原則

企業本身是為了追求盈利，所以，企業業務流程再造與內部控制必然都需要遵循成本效益原則。對於企業流程再造而言，組織機構的扁平化，使得一些不必要的部門及職位被消除，流程的中間環節縮短，並降低了錯誤發生的機率。較短的流程與較低的出錯率，使得企業進行內部控制制度的設計時，可以減少控制節點與控制手段，從而達到控制成本的預期目標。

3）再造後的業務流程有利於內部控制的實施

一個完善的業務流程往往需要跨越多個部門，覆蓋多個環節，設計人員需要耗費大量的時間與精力來完成對多個部門及環節的有效連結，而這必然會提升企業的營運成本。

而企業流程再造就是要將這些離散的管理環節整合起來，讓每一個業務流程的各個環節都能責成到個人，減少環節接洽時的程式，有效控制時間成本，從而為內部控制制度打下堅實的基礎。

4）資料技術對兩者具有支持作用

資料技術的持續突破使人們蒐集、分析及應用訊息的方式發生重大變革，個體及組織的工作效率獲得大幅度提升，整個企業的價值創造流程更為流暢、穩定、高效。企業業務流程再造是建立在一定的資料技術基礎之上。而且資料技術解決了傳統企業內部控制過程中訊息蒐集難度較大、訊息處理效率較低的痛點，使企業可以實現即時、科學、高效的內部控制。

找到關鍵的風險控制點

企業成功實施業務流程再造後，組織結構的扁平化、員工權力的增加及以流程為核心的企業管理，使得傳統的內部控制制度變得不再適用，流程的控制節點與控制方式都需要進行相應的調整。要想實現對企業風險的有效控制，必須找到那些存在缺陷的環節及控制節點，並給出詳細的風險評估結果與具體的優化改造方案。

以企業流程再造後的銷售收款業務再造為例，對於一家企業而言，銷售收款業務流程無疑具有十分重要的地位，如果企業該業務的內部控制出現問題，很可能造成企業銷售合約無效、應收帳款週轉期過長、銷售款被內部部門或合作夥伴截留等方面的問題，直接導致企業利益受損。

但由於這一環節同時涉及物流與資金流兩個環節，而且業務量大、參與的部門較多、流程相對複雜、出錯率相對較高。所以，企業實施完流程再造後，管理者需要對傳統的內控制度進行修正、調整甚至是重新設計，最為關鍵的就在於找到其中的核心風險控制節點，然後根據企業的資訊管理系統，制定相應的調整方案。

◆ 企業的關鍵控制點

企業的關鍵控制點主要包括以下幾個方面：

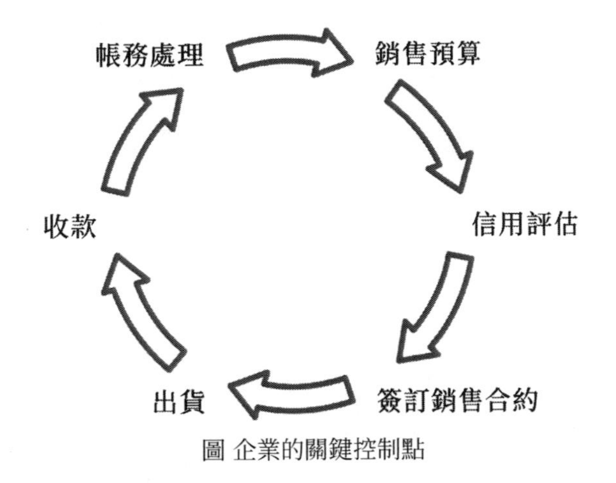

圖 企業的關鍵控制點

1）銷售預算

企業需要根據外部市場環境的變化，結合使用者需求資料分析等方式，對未來的銷售量進行預測，並結合自身的產能、資金流等設定相應的銷售目標以及銷售預算。該流程的主要風險在於，市場調查結果的有效性及企業實際產能評估的精準性，因為一旦市場調查或者產能評估出現問題，將直接導致企業管理者的決策出現嚴重錯誤。

因此，對於銷售收款業務流程的內部控制制度設計，可以讓生產部門、財務部門、採購部門及市場部門共同參與，多聽取一線員工的意見與建議。

2）信用評估

企業需要對與自身存在業務往來的客戶進行信用評估，並結合自身的風險控制能力來對客戶的信用等級進行劃分，從而確定賒款額度。該環節的風險主要集中在：對客戶歷史信用缺乏足夠的認知、客戶信用等級劃分不合理、客戶信用動態評估機制不完善等。

這些風險會導致企業的銷售款項被客戶長期占用，甚至導致出現壞帳。對於這一風險，企業管理者需要制定出系統化及標準化的客戶信用調查制度，結合自身的實際情況進行客戶信用等級劃分，透過確認客戶信用審查機制有效，制定並定期更新客戶信用資訊，從而實現對客戶信用的動態評估。

3）簽訂銷售合約

銷售合約確立了企業與客戶的權利及責任，也是充分確保企業合法權益受到法律保護的有效手段。簽訂銷售合約環節的風險主要集中在：合約內容出現問題甚至詐欺、員工越權與客戶簽訂合約等，很容易導致企業蒙受重大經濟損失。

企業可以採用的內部控制方式有：由專業人員與客戶進行商談，明確雙方的權利與責任，並落實成為書面資料；建立完善的銷售合約簽約流程及監管制度，確立相關的權利與責任等。

4）出貨

出貨是推動銷售環節執行的關鍵環節及企業履行合約的直接展現。該環節的風險集中在：未經過企業內部同意而直接出貨；貨品品質、數量、配送時間與合約不一致而違約；運輸、裝載過程不規範，而導致貨物出現損毀、丟失等。

企業可以採用的應對措施主要有：對銷售通知在不同部門間的流通進行嚴格的監督，確保它與企業簽訂的銷售合約內容保持一致，而且訂定出貨職責；各部門嚴格向財務部門提供各個環節的出貨單據、書面資料；建立完善的物流配送流程管理機制，將貨物丟失、損毀等事件的責任找到負責單位。

5）收款

收款是企業與客戶完成交易的象徵性環節，也是企業將產品及服務轉化為商業價值的直接展現。收款環節的風險主要集中在：收款流程不完善、職位職能交叉導致員工利用漏洞弄虛作假，最為常見的就是銷售經理保留貨款或者是會計人員挪用貨款；企業對現有的應收帳款缺乏有效的追蹤，從而導致很多欠款變為壞帳等。

主要的應對措施包括：改善與客戶之間的結算方式，建立票據管理制度，對票據的流通過程進行全程監控，在核心環節設定嚴格的稽核機制；嚴格督促相關人員將客戶結算的現金、支票、匯票等及時存入企業銀行帳號，並安排專業人員定期與銀行及客戶對帳；為財務部門設定應收帳款收帳週期統計體系，為銷售部門設定應收帳款定期催款制度，必要時可以透過獎懲機制確保員工將其真正落實。

6）帳務處理

帳務處理可以說是企業內部控制過程中最為核心的環節，該環節能夠讓企業確定銷售收入、對應收帳款進行管理、提列壞帳準備等，不過由於涉及到龐大的資金，也容易引發較大風險。

比如：會計核算及監督機制不完善，從而導致實際的銷售收入與帳面數字不一致；財務部門的重要職位存在職能交叉或者財務人員與客戶聯合詐欺，導致企業受到嚴重的經濟損失；管理層為了追求較好的財務數字，而弄虛作假來欺騙股東等。

對於該環節，企業可以採用的應對措施主要包括：打造完善的企業核算系統及內部稽核系統，並且對於以會計、出納、稽核為代表的幾個關鍵職位必須要有一定的監管制度負責監管；各類銀行票據的保管及流轉必須要透過嚴格的稽核；加強企業的財務對帳制度，對銀行帳目進行

定期稽核，對於那些已經被定位壞帳而又後期收回、銷售後又退貨的帳務處理，必須要進行重點稽核，從而最大程度上地保持企業資訊流、資金流及現金流的一致性。

◆ 流程再造對內部控制的意義

可以發現，對企業流程進行再造後，企業的組織結構將會更為合理。扁平化的組織結構能夠縮短企業的內部控制作業層級，而且讓員工及部門的權力與責任變得更為明確。

而打造企業資訊資料庫後，能使得企業內部資訊的傳遞速度及效率大幅度提升，企業各部門之間的溝通壁壘被打破，溝通成本有效降低。而且進行了內部控制制度的重新設計後，企業的風險控制能力將得到明顯增強。

事實上，每一個企業管理者應該明白的是：企業進行流程再造後，再對企業的內控制度進行優化設計的最為關鍵的意義不是在於單純的縮短控制環節，而是為了讓企業有更多的資源及精力來實現自身的策略目標。

經過重新設計後的內部控制制度，能夠讓企業及時發現並解決自身營運及發展過程中所遇到的各種問題，並提升企業對抗風險能力。各組織部門及各員工之間能夠實現相互制約，糾正企業業務流程執行過程中的問題，為企業內部控制制度的落實提供良好的環境。

內部控制制度的設計是一個龐大而複雜的系統工程，企業實踐過程中會發現各式各樣的問題，而且受到國家政策、企業經營策略及市場競爭環境、消費需求變化等方面的影響，企業的內部控制制度也必須進行動態調整，對內部控制制度進行不斷地優化及改善。毋庸置疑的是，企業的內部控制制度將會在現代企業的營運及管理中扮演十分關鍵的角色，為企業的發展壯大提供強而有力的支撐。

專案進度與品質控制體系的建立

在市場競爭環境愈發激烈的背景下，企業對專案管理的重視程度已經提升到了前所未有的高度。而對專案管理過程進行有效控制，能夠讓企業在最短的時間內發現並解決專案的各種問題，從而使企業專案能夠始終處在正確的軌跡上。具體來看，專案成功關鍵在於對專案的過程管理進行強化，在確保專案品質、控制專案風險的同時，穩定有序地推進專案。

專案管理包含五個過程，即：啟動、規劃、執行、監控及收尾，並在專案的整個生命週期中都能得到直接展現。專案經理對專案進行控制，就是在規定的時間、成本、品質的前提下，確保專案能夠取得各方都能夠滿意的結果。從可操作空間來看，對專案進行控制的關鍵點主要就是專案進度、專案品質及專案風險應對。解決這三方面的問題後，對專案進行控制的目標就已經基本完成。

◆ 專案進度控制

制定專案進度計畫是對專案進度進行控制的重要基礎，它需要確保客觀性及科學性，在考慮整個專案程式的同時，又必須對具體的實施步驟與細節進行確認。專案進度計畫內需要包含專案的施工工期、每項施工的最晚實施時間與截止時間、關鍵施工路徑等。進行專案進度控制時，不但要將專案的變更情況融入進度計畫中，更要明確更新後的進度計畫。

1）專案控制實際操作

基於專案的實施情況以及專案的客戶要求，制定專案報告進度表，從而對專案的實際實施情況與專案實施進度計畫進行對比，督促施工人員加快或者降低施工進度。期間可以以周為單位，也可以以月為單位，對於工期較短的專案甚至可以以日為單位，工期較長的大型專案則可以以季為單位。

企業專案資料的來源主要包括：

- 施工人員定期提交的專案進度資料，一般會要求施工人員出具書面形式的工程實施報告；
- 舉辦專案工程研討會，在幫助施工人員解決各類問題的同時，也能夠獲取專案的各個環節的實際情況；
- 企業會向施工人員定期公告專案工程的實施情況及變更情況，並要求後者積極提供回饋意見；
- 企業管理層定期到工程所在地進行實地考察，從而獲取最為真實的情況。

進入到工程實施的關鍵階段後，能夠在最短的時間內獲取最新的資料就顯得尤為關鍵，因此，企業針對於不同的專案實施階段應該制定差異化的專案進度控制策略。

2）進度計畫的更改及措施

由於專案實施過程中會不可避免地遭遇各式各樣的問題，從而導致專案的實施和預期有一定的差異，而且有的問題甚至會導致整個專案資金成本及時間成本發生重大變化，此時可能需要專案雙方擬定新的專案合約。

3）控制專案進度

專案實施過程中對專案進行更改時，需要嚴格遵守相關規定，可以分為三個步驟：

- 專案更改提出方指定並提交專案內容更改申請表。需要注意的是，提交申請表時必須經過第三方監管機構的確認。
- 對專案內容的更改進行研討。此時，應該由專案的實施方、監管機構及客戶共同研究專案更改可行性，確保更改後的專案符合集體利益。
- 對專案內容更改達成一致並正式執行。

◈ 專案品質控制

專案品質直接決定了專案能否成功，為此需要制定出完善的專案品質考核體系，並記錄成為專案品質控管說明書，確保能夠被專案參與各方了解並落實。

1）品質體系建立

為了讓專案的各個環節符合標準要求，需要建立並落實專案品質體系，這也是衡量專案施工方及監管機構綜合實力的重要指標。而為了確保專案品質合乎要求，在專案施工的重要環節必須設定專業的技術人才，並盡可能地讓專案的每一個實施環節責成到個人。

系統設計：對專案設計進行策劃及控制。進行系統設計的過程中需要確立：設計過程具體被劃分為幾個階段；對每個階段應該採用的考核標準及驗收制度；設計活動的權責等。此外，企業還需要對參與系統設計的各部門的接洽節點進行有效控制，從而確保溝通的有效性，並確立各部門職責，對於系統設計的進展情況，要定期進行公告。

設計審查：企業需要定期對設計進行審查，從而了解設計是否處於正確的軌道上。發現問題後，要及時進行研討並制定解決方案。

設計變更：對設計進行變更必須經過評估、驗證及確認，在實施前必須得到有關部門的批准。設計評估主要涉及到對設計變更進行評估，更改後對已交付專案的影響等。

資料管理：確保企業的品質體系資料處於有效的監管之下，並且能讓工作人員即時獲取有效資料，防止資料出現損壞、丟失、洩密等，確保企業的品質體系系統穩定、高效執行。

需要重點管理的資料主要有：施工方案、季節性施工方案、施工技術交接、施工技術措施、施工組織設計、工程預檢紀錄、工程洽商紀錄、支薪資料等。

裝置採購：為了確保工程的進度、品質，企業必須根據施工要求及客戶要求，定期採購相應規格及品質的裝置，從而為施工人員提供必要的資源支持。

企業需要根據自身的需求選擇合適的供應商，對於和裝置相關的品質證明及實驗報告等資料要長期保管。這類檔案主要包括：產品證明書、產品的品質特性、出廠檢驗合格證書、產品鑑定或結構效能報告、品質保證資料等。

測試檢驗：在設計過程中將針對系統各個階段進行測試的相關內容、方法、驗收標準等資料提供給客戶進行核對，並將其作為驗收時的重要依據。

驗收：以對裝置進行驗收為例，驗收主要包括安裝驗收、完工測試、試行、初步驗收及最終驗收。驗收過程中，專案的各個參與方需要前往現場對驗收標準進行確認，並進行驗收。

2）品質保證資料

企業要將品質保證資料需要及時提交給客戶，並確保客戶能夠即時了解更新的內容。供應商需要根據品質保證的要求及標準，為企業提供系統可靠性說明、系統維護性說明及系統品質保證說明。

對於所有業務的所有環節，比如：合約、資料、採購、檢驗等都要嚴格按照相關的管理標準進行有效監管，確保其始終處於可控狀態，最終為工程專案品質預期目標的實現打下堅實的基礎。

3）主要品質保證措施

為了使專案品質能夠達到預期標準，可以嘗試採用現場施工責任制，技術及品質檢視否決制度等。工程施工過程中，要設定實施組負責人與技術監測工程師職位，前者主要負責人員排程、工程施工、品質檢查、協助各方溝通等；後者的主要任務是對工程實施情況進行稽核，及時指出專案施工過程中的技術及品質問題，並督促施工方進行糾正。

專案風險分析與控制

專案風險分析的邏輯在於對專案出現的各種問題、造成的影響及其他外界因素進行綜合考量後，就能夠分析出專案出現各種風險的可能性與其帶來的負面影響。

而對專案風險進行控制就是要透過制定並實施風險應對計畫，來幫助企業規避或解決專案遇到的各種風險。風險應對的方法十分多元化，比如：風險緩解、風險接受、風險轉嫁及風險迴避等，實踐過程中，需要根據實際情況及企業的抗風險能力，來決定採用哪種風險應對計畫。

◆ 專案風險分析

1）資訊安全類風險

資訊安全類風險也是企業資訊化所帶來的一個負面影響。資訊安全風險主要包括以下幾種：

- 內部風險。員工誤操作或者惡意操作而引發的重要資料洩露、丟失或損壞，企業內部人員透過詐欺手段竊取重要資料等。
- 外部風險。外部個體或組織對專案資料傳輸線路進行破壞，入侵企業的資料庫系統，導致資料洩露或者刪除重要資料等，從而造成企業面臨嚴重的資訊安全風險。
- 資料儲存風險。專案本身工程量大，施工週期長，從而產生了大量的資料，並且其中還包含了專案參與方的核心資料，過多的資料儲存需求致使工程專案的資訊安全面臨巨大風險。

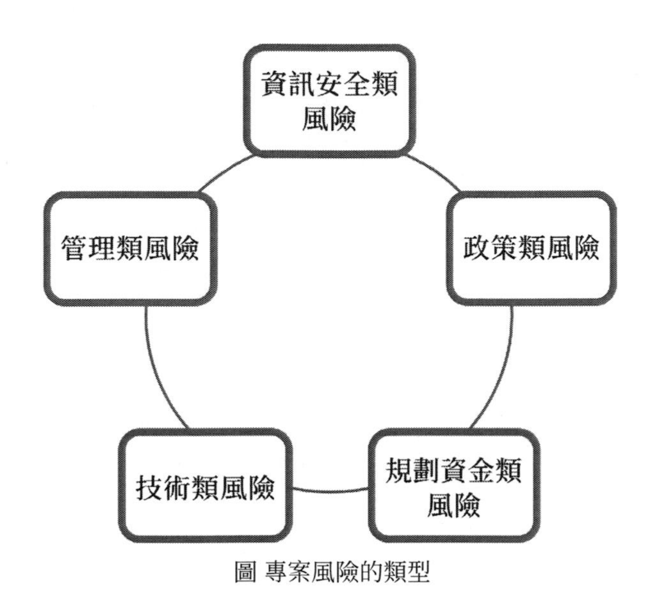

圖 專案風險的類型

2）政策類風險

對於政策類風險，企業的可操作空間相當有限，因為企業很難對相關部門頒布的法律法規進行預測。尤其是在一些新興領域，相關的監管政策及法律法規存在很大的空白，整個專案可能會因為法規的發布，而被迫中止。

3）規劃和資金類風險

比較常見的一種規劃及資金類風險是：企業在建設專案前對專案進行了一系列規劃，但由於規劃與實際實施效果的差異，而導致投資方向出現較大錯誤，給企業帶來了較大的經濟損失。

此外，專案參與方資金不到位或者因為害怕風險而違約，也是專案所面臨的一個重要的規劃及資金風險。這提醒企業要在專案開始前，對參與方的實力進行嚴格審查，在違約條款方面也要進行一定的限制。

4）技術類風險

科學技術的持續突破，使得企業花費大量資金購入的硬體裝置、系統等的生命週期被大幅度縮短，為了符合產業標準及客戶要求，而不得不對裝置及系統進行更新，給企業帶來了技術風險。

5）管理類風險

企業自身的管理制度的調整，也有可能給專案帶來一定的風險。因為管理制度調整後，原有部門及職位的職責會發生變化，一些週期較長的專案會因為專案負責人的變化，而導致專案管理出現各種問題，甚至是管理缺失。

◆ 專案風險對策

企業在對專案風險進行充分分析的基礎上，可以對專案建設過程可能會遇到的各種風險設定相應的應對策略，具體來看，企業管理者需要做好以下幾個方面：

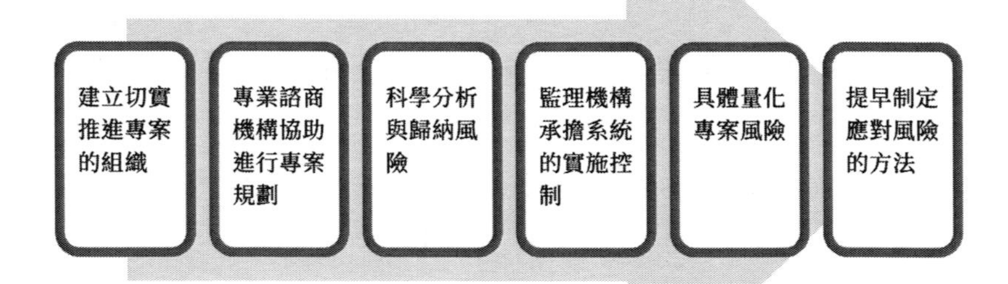

圖 專案風險對策

1）建立切實推進專案的組織

為了使專案管理能夠真正執行，專案參與方需要建立專案團隊，來負責對專案建設的各個環節及各個階段進行管理。從人員構成來看，企業高層應該掌握大權，由專案管理人員負責實施，第三方個體及組織提供協助。

2）專業諮商機構協助進行專案規劃

從實踐來看，科學的專案規劃是專案得以真正落實的有效保證。不進行規劃或者規劃不完善的專案，會在實施過程中遇到各式各樣的問題。而專業諮商機構的參與能夠確保專案規劃的科學性及有效性，嚴格意義上講，該機構應該在專案規劃過程中保持中立，不能偏向專案中的任何一方，能根據專案的預期目標及專案可用資源，制定出系統而完善的專案規劃。

3）科學分析與歸納風險

在專案實施過程中，專案風險會以不同的形式而存在，有些風險在初期就能直接展現出來，而有的風險可能直到問題發生後才能顯現出來，而且這類風險的破壞性要比前者大得多。所以，對風險進行科學的歸納就顯得尤為關鍵。

4）監理機構承擔系統的實施控制

想要讓專案實施方自覺地對專案建設的各個環節進行嚴格控制，並自我監督是相當難實現的，除了企業會尋求自身利益最大化以外，即便是企業高層想要對專案進行嚴格控制，員工也未必會真正執行。所以，必須引入第三方監理機構來負責對專案的實施過程進行有效控制。

5）具體量化專案風險

在描述風險時，人們普遍採用「大」、「小」、「高」、「低」來說明風險的機率及破壞力，但這對於一個專案而言，未免顯得有些過於籠統。在辨別風險後，專案參與各方應該對風險進行具體量化，從而對不同的風險制定出有效的應對方案。即便遇到未曾預計到的風險，也能夠根據量化標準，對其進行評估及分析，並快速做出應對。

對風險進行量化的內容主要包括：風險發生機率、風險造成的危害、風險出現的時間節點、風險的持續時長、風險影響的範圍、規避或處理這類風險需要投入的資源等。

6）提早制定應對風險的方法

風險應對方法主要包括：掌握風險出現後可以調配的資源，並對其進行及時定期更新；制定並更新風險檢查時間表及檢查項目列表；對每週、每月出現的風險進行排名；制定風險應對策略實施方案；對風險控制方案進行動態優化調整等。

過程品質控制：步驟、條件與要求

流程控制的實施需要藉助對流程品質控制點進行控制。在流程控制理論中，對關鍵品質要素實施特殊管理被稱之為流程品質控制點，而且繪製流程圖時必須對其予以重點標注。

◆ 建立品質控制點的步驟

對新產品設定品質控制點時，應該在新產品正式投入生產之前的生產程式設計階段就開始制定相關的標準。如果是對於那些已經投入生產的產品建立品質控制點，則需要企業的品質管制部門聯合企業的工藝技術部門來共同執行，具體步驟以下：

1）確定品質控制點，編制品質控制點明細表

品質管制部門和工藝技術部門結合制定產品品質特性分級、生產工藝製程、可能存在的各種品質問題等，找出產品品質控制點，並編制品質控制點明細表。

產品品質控制點的制定需要考慮以下幾種因素：

- 產品本身的特性，比如：精準度、效能、壽命、安全性、穩定性等。當然也需要考慮會對這些產品特性產生關鍵影響的各種因素。
- 製程本身的特性，或者某一製程對下一製程產生較大影響的地方，以及會對這類製程存在較大影響的外部要素等。
- 容易導致產品品質不穩定的製程，引發產品不合格的品質特性，以及對這類特性存在重要影響的要素。

▶ 根據使用者提供的回饋建議以及自身的考核制度對專案進行考核等。

2）編制品質控制點有關資料

▶ 工藝技術部門制定「控制點工藝流程圖」，並在工藝流程圖得標注供需品質控制點。

▶ 工藝技術部門員工安排專業人員對供需進行分析，並找出能對品質特性產生關鍵影響的要素，量化分析完成後，還要對其進行進一步確認，最終制定出供需品質表。

▶ 工藝技術部門對製程品質控制點的作業標準及檢驗流程進行具體規劃，並制定出作業說明書與供需品質控制點表。

▶ 品質管制部門根據自身對生產製程進行的分析，對工藝部門製作的說明書進行補充，雙方達成一致後，成為供需品質控制點明細表，並提供給相關作業人員。

3）對支配性生產要素進行特殊管理

生產、採購、裝置、檢驗等部門，根據發布的品質控制點表的相關要求，對自己負責的有關製程設定相應的管理辦法。比如：針對員工工作服問題，制定服裝週期檢查，並透過工廠錄影等方式抽查員工著裝。

4）確定適宜的控制方法（統計方法）

品質管制部門與工藝技術部門安排生產工廠內的品管員、工藝員，對相關資料進行收集並分析。對於已經處於控制範圍內的製程，可以透過控制圖、記錄表等方式進行管理。

5）建立品質控制點管理制度

品質管制部門制定「自檢管理制度」與「製程品質控制點管理制度」，並制定獎懲方案，獲得人資部門的認可後，提交上級透過後正式執行。

6）組織培訓

對參與品質控制工作的組織成員進行培訓，督促他們掌握與品質控制點相關的知識、規章制度等，並定期對員工進行考核。

7）創造實施品質控制的條件

企業管理層需要定期召集相關部門共同研究對品質控制點進行品質控制的有效解決方案，並盡可能地提供資源支撐。

8）組織實施

由生產部門中的員工執行品質控制方案，品質管制部門、工藝技術部門、生產管理部門等對執行情況進行考核、診斷，並提出優化方案。對於執行效果良好的員工要給予一定的獎勵，反之要給予一定的懲罰。

9）工廠組織預驗收

生產工廠相關人員依據有關的標準及規章制度，對具體的品質控制執行情況進行預先驗收，確定結果符合規定後，再向品質管制部門提交品質控制點驗收申請。

10）正式驗收合格後，給出有效標章

品質管制部門與工藝技術部門、生產管理部門等一起執行品質控制點驗收，對於合格的製程要標注有效標章。

11）實施動態管理

即便是驗收合格後，也不能放鬆，品質管制部門還需要透過相關人員定期對品質控制點進行檢查，從而實現對品質控制的動態管理。

- 對於核心品質控制點需要長期進行品質控制，相關部門需要對品質控制情況進行定期檢查，及時制定有效的解決方案，確保其長期處於可控狀態。如果發現某一製程的品質控制出現問題，要立即撤下已經標注的有效標章，要求生產工廠進行整治。
- 對於一些對品質影響相對較弱，但由於不夠重視而出現問題的品質控制點，經過一段時間品質控制，並確認達到相關的要求後，可以取消該品質控制點。
- 那些根據客戶要求而建立的品質控制點，當客戶撤銷要求後，可以取消這類品質控制點。

需要注意的是，對於已經撤銷的品質控制點必須及時對相關資料進行修正。

12）對品質控制點考核、評估

為了保證品質控制點的長期有效性，企業需要安排相關的部門及人員對品質控制點的品質控制情況及效果進行定期考核、評估。

◆ 品質控制點應達到的條件

1. 品質要求要明確。企業應該為每一個品質控制點設定相應的品質標準，有時品質標準可能無法用語言或者數據進行描述，此時就應該考慮設定實現品質標準。品質控制點的品質要求需要在「品質管制工程圖」或者「品質控制點明細表」中進行標注。

2. 進行製程分析。對製程進行分析後要將分析結果記錄為「製程品質表」，對於其中的品質特性要素要進行量化，並明確規定界限值、檢測方式及控制方式，將職責落實到個人。
3. 制定作業標準。對於每一個品質控制點都應該制定出作業說明書（有的企業將命名為「操作說明書」），從而為員工開展工作提供有效指導。
4. 建立科學合理的品質檢驗系統，為此需要購入專業的品質檢測裝置，並制定品質檢驗流程。
5. 確定適宜的控制方法。對品質控制點進行控制的方法十分多元化，比如：預控圖、控制圖、數據表及選項控圖等，相關人員需要根據品質控制點的具體情況，選擇合適的控制方法。處於品質控制職位中的員工需要具備計算、製圖等方面的能力，可以在品質控制點出現問題時進行一定的分析並及時糾正。
6. 建立品質責任制度，鼓勵員工進行自檢。
7. 確保工人及檢驗員了解品質控制點對於自身提出的相關要求。
8. 建立品質控制點實施細則及管理辦法。
9. 確保品質控制能夠有效執行，通常的做法是要求員工按照有關標準及規定執行三個月後，由生產工廠預先驗收，再申請品質管制部門、工藝技術部門、生產管理部門等進行正式驗收。
10. 企業確定品質控制合格後，標注合格標章。

◆ 對品質控制點的操作人員和檢驗員的要求

1）對操作人員的要求

- 操作人員應該了解品質控制的相關知識，熟悉所在製程的控制圖、數據表等控制工具的作用及使用方法，能夠簡單的計算數據，並繪製圖表。

- 掌握所在製程的品質標準及其控制標準。
- 按照操作標準嚴格執行，避免或減少操作不當引發的產品品質問題。
- 對所在製程的品質特性要素有清晰的了解，那些已經納入操作標準的要素要給予重點關注。
- 積極開展自檢活動。
- 將下一道製程的個體及組織當作客戶來對待，像服務客戶一般不斷改善製程的品質。
- 按照有關要求填寫「控制圖」、「數據記錄表」，積極配合上級的數據蒐集工作，認真執行抽樣、檢測、記錄、計算及作圖等工作，不能為了一己之利而弄虛作假。
- 作業過程中，如果發現品質出現問題，需要立即進行分析並解決。當員工自己無法解決問題時要向組長或者技術人員尋求幫助。

2）對檢驗員的要求

- 除了做好基本的產品品質檢驗工作外，檢驗員還應該對操作人員的品質控制執行情況進行監督並指導。如果發現員工違規操作，要及時予以糾正，對於那些多次勸阻無效的員工要向上級部門及時回饋。
- 在巡檢過程中，要對品質控制點的品質特性要素進行重點檢驗，發現問題時應該和員工一起討論解決方案。
- 對於那些設定了防呆裝置的製程，檢驗員需要定期檢驗這類裝置是否穩定執行，發現存在問題時，要及時回饋給維修人員進行處理。
- 熟練職位職責內的品質控制、檢測方法，並嚴格按照有關標準實施檢驗。

- 掌握品質控制採用的圖表的作用及使用方法，並對操作人員的品質控制執行情況進行監督。
- 定期檢查操作人員的自檢相關數據，並彙總為報表交付給有關部門。
- 按照有關標準執行對品質控制點的稽核。

此外，在品質管制體系的營運實踐中，企業要將統計流程控制系統作為一個關鍵的子體系，並給予資源支撐。

PDCA 循環控制

1950 年，美國品質管制專家戴明博士（William Deming）提出了「PDCA 循環」的概念。「PDCA 循環」中的四個字母分別代表了 Plan（計畫）、Do（實施）、Check（檢查）以及 Action（行動）。

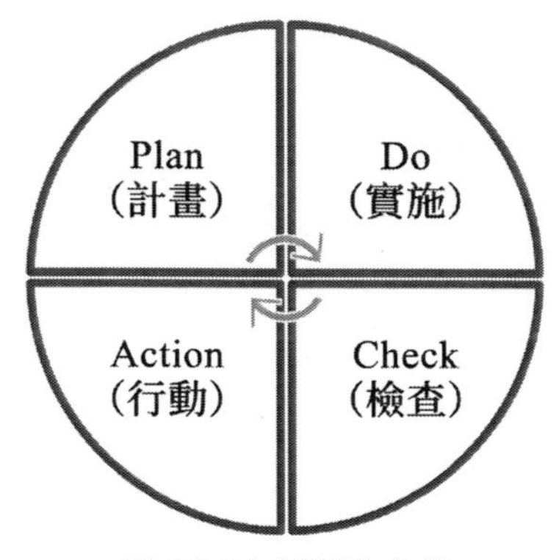

圖 PDCA 循環的含義

- Plan（計畫）。不僅包括目標、標準、制度，還包括如何將其執行的方法、步驟等。
- Do（實施）。對目標、標準及制度進行執行。
- Check（檢查）：將實施效果與預期目標進行對比，確認是否實現目標。
- Action（行動）：對檢查結果進行分析，找出其中存在的問題並進行改善。必要時，啟動下一個循環。

PDCA 循環最初針對的是品質管制，隨著其相關理論的不斷完善及相關研究的不斷深入，PDCA 目前已經得到了十分廣泛的應用，如今已經演變成為一種通用的管理方法及步驟。PDCA 循環之所以能夠在管理領域大放異彩，就是因為它具有以下三個方面的獨特優勢：

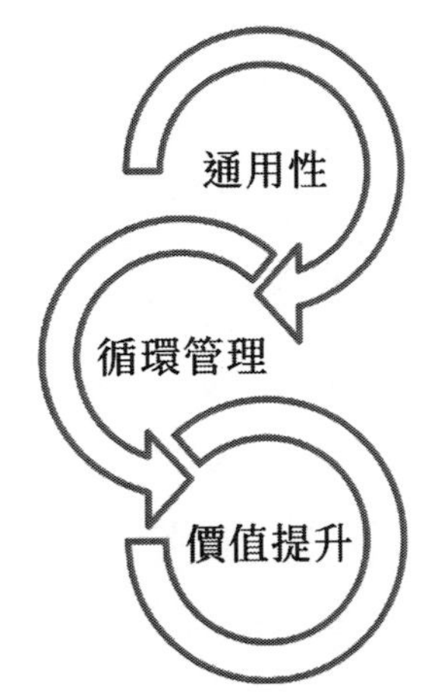

圖 PDCA 循環在管理領域具有的三大優勢

◆ 通用性

事實上，PDCA 循環不僅在企業管理實踐過程中發揮著十分關鍵的作用，其在我們的日常生活及工作過程中的應用同樣十分廣泛。

【案例 1】PDCA 循環在品質管制方面的應用

P：定位品質問題，找出品質改進課題，然後圍繞該課題制定品質改進計畫及解決方案。

D：執行計畫，在生產過程中實施品質改進解決方案。

C：在計畫及方案執行過程中進行檢查，檢視品質改進效果。

A：對檢查結果進一步處理，對於效果良好的計畫及方案進行進一步鞏固及推廣，並將其融入到管理體系及操作標準中。對於那些效果不理想的計畫或方案，企業應該對其進行優化調整。必要時，可以成立一個新的品質優化課題，並制定相應的改進計畫及解決方案，從而形成一個新的 PDCA 循環。

【案例 2】PDCA 循環在生產部門薪酬制度方面的應用

P：制定薪酬制度，並確定需要重點關注的問題。

D：依據新制定薪酬制度的相關標準，對生產部門的員工進行考核，並將考核結果直接展現在員工的收入中。

C：廣泛蒐集員工的回饋建議，分析薪酬體系是否發揮出了預期效果，是否讓員工的工作積極性得到提升。

A：薪酬體系中的合理部分要予以保留甚至進一步強化，而那些不合理部分則需要進行優化改善，並盡快落實到薪酬制度中進行驗證。

【案例 3】PDCA 循環在超市購物時的應用

P：對冰箱及廚房內的食品進行檢查，確定需要在超市中採購的商品。如果需要採購的商品過多，應該制定採購清單，從而避免出現差錯。

D：前往超市，按照購物清單採購自己需要的商品。

C：購物結束後，按照購物清單，對已經採購的商品進行清點，確認是否需要補充，並思考是否還需要其他的商品。

A：檢查完成後，根據檢查結果確認需要補充購買的商品。結帳完成後，如果又發現自己有沒有購買的商品，就再返回超市購物，從而進入一個新的 PDCA 循環。

不難發現，幾乎所有的事情都能按照 PDCA 循環的理論進行處理，只不過每件事情的關注重點存在一定的差異。

◆ 循環管理

循環管理是指企業實施制定的策略、制度、計畫後，對於執行結果進行檢查、確認及整治的一系列過程。然而在企業的營運實踐中，由於沒有實現循環管理，導致企業的很多工作往往是僅有計畫沒有結果，或者是結果與計畫存在較大的偏差。

【案例】售後維修的 PDCA 循環應用

在日常生活過程中，很多人選擇購買品牌家電的原因往往就是因為其提供的優質的售後服務。當我們購買的家電產品出現問題時，打電話給客服後，客服人員就會安排附近的維修中心派遣維修人員上門提供服務，這些維修人員不但會幫我們維修家電，還會幫我們檢測線路問題。

在家電維修完成後，客服人員會請我們填寫一個滿意度調查，需要填寫住址、維修的家電名稱、更換的零件、連繫方式、評價服務等。填寫資料過程可以被視作為一個簡單的循環管理，其目的在於能夠讓品牌方對維修人員的服務過程進行監管。

過幾天，客服人員會進行回訪，確認維修人員提交給公司的資料是否真實，了解維修人員的服務品質等。該項工作完成後，整個客戶服務過程才真正結束。維修服務過程中，實踐了從維修訊息接收確認，到上門服務，再到配件管理，然後到完成維修訂單，最後到使用者回訪的循環管理。用 PDCA 循環可以表述為：

P：收到使用者提供的回饋訊息，然後安排使用者附近的維修人員提供上門維修服務。

D：維修人員前往指定地點進行維修，並對維修過程及服務評價進行記錄；

C：維修站內對維修單中的相關內容進行確認，並將訊息回饋給公司。客服單位進行回訪，確認使用者需求是否得到滿足，維修單中的內容是否屬實等。

A：根據回訪結果，公司對維修站點進行考核，維修站點對維修人員進行考核，對於出現問題的地方要求維修人員進行改進。

◆ 價值提升

PDCA 循環不是在重複性的運轉，進入下一次循環後，循環的內容及目標就發生了調整，循環的次數越多，解決的問題就越多，工作品質及服務水準就越高。

之所以會呈現價值提升，就是因為流程得到了持續改善。對流程進行持續改善（需要多次經過 PDCA 循環來實現）時，我們需要不斷制定出新的目標及計畫。正是因為這一點，企業界將 PDCA 循環視作為一種對生產流程進行持續改善的基本方法。

【案例】某機械加工廠品質改善與 PDCA 價值提升

為了對產品品質進行進一步改善，某機械加工廠的銲接工廠導入 PDCA 循環：

P：對產品品質情況進行調查，並將目標確定為「減少假焊」。經過對問題進行分析及員工的回饋制定出了應對方案：對焊條及焊機進行改善，提升操作人員的操作科學性及有效性等。

D：執行改善方案，更換採購商，讓員工參加培訓等。

C：蒐集改善後的產品品質相關數據，對改善結果進行檢驗。

A：根據最終的檢查結果，該機械加工廠發現雖然緩解了銲接問題，但距離預訂目標仍存在較大的提升空間。經過對檢查結果進行進一步分析後，又制定出了「對銲接點過大進行改善」這一新的目標。於是機械加工廠又啟動了新一輪的 PDCA 循環，經過多次循環後，該公司的產品品質得到了大幅度提升，並為其在激烈的市場競爭中取得客戶的信任。

第 6 章

流程優化

流程管理實行的三大關鍵

一個完善的流程管理要經歷三個環節，一是流程體系建設，二是流程實施推廣，三是流程持續評估改進。其中，流程體系建設的主要內容是流程策劃和設計，該環節是流程管理真正得以實施的基礎。現階段，很多企業在流程體系建設的過程中都會遇到三大問題。

第一，現階段，企業為了做好流程體系建設，各部門都編寫了各自的流程，但是這些流程相互交叉、相互獨立，難以形成清晰的流程脈絡和完整的流程架構。

第二，很多企業的流程體系建設都是在原有的規章制度之外或者企業 ISO 體系之外增添一套新的體系，這些體系相互交織，模糊了業務人員的判斷，使得其在業務執行的過程中不知該以哪個流程為參考開展工作。

第三，企業對流程管理的認識程度不佳，在流程體系建設階段形成的流程被業務部人員自動忽略，業務開展不按照流程執行，使得流程管理只能流於形式，難以真正落實。

面對這三大問題，企業該如何有效地完成流程體系建設呢？具體來說，應從三個環節來完成，分別是建立流程架構、流程梳理和流程優化。

◆ 建立流程架構

1）建立一級流程架構

企業要想建立一個完整的流程架構，首先要建立一個一級流程架構，然後再對其進行分類分級細化，形成二級流程架構、三級流程架構，以此類推，最終形成完整的企業流程清單。從這個角度來看，流程架構的建立過程就是企業結構的梳理過程。在流程架構建立的過程中，要注意兩點，一是清晰界定流程邊界，二是確保流程體系完整，各環節相互關聯。

一級流程架構從企業最高管理層視角來檢視企業，是企業整體業務模式的全面反映。對於企業的最高管理層來說，其主要工作內容就是制定企業策略，將其傳達給每位員工知曉，將企業內部各個流程銜接起來，將企業各項活動組合起來建構一個完整的系統，確保企業策略能有效實施，企業整體效益能有效提升。

正因如此，企業流程架構圖具有三大意義：第一，流程架構圖是企業業務運作特點的真實反映；第二，流程架構圖是企業核心競爭力及策略競爭力的真實反映；第三，流程架構圖是企業各業務領域定位及相互間邏輯關係的真實反映。從這個層面來看，建立流程架構這項工作脫離了專業性，昇華到了藝術的高度。

2）梳理流程清單

先建構一級流程總圖，再對其進行分解細化形成完整的流程清單，對全面建構流程體系來說是非常關鍵的一步。因為流程管理清單是流程管理及優化的依據，要想確保流程管理清單的合理性，就要在分解一級流程總圖的過程中對流程範圍進行清晰地界定，確立流程的起點和終點。

現階段，很多企業在梳理流程清單的過程中都會遇到這樣的問題：1）流程清單越往下細分其邏輯關係越混亂，很多企業在細分到三級或四級流程清單時其內部的邏輯關係就已經混亂了；2）流程清單梳理以各部門為核心，導致流程不明。這些問題出現的根源在於，流程策劃過於分散，流程分類分級視角不統一。

3）流程的分類分級

企業要想做好流程的分類分級工作，首先要以管理要求為標準進行業務分類，不同的業務其管理要求不同，相應的知識經驗不同，其業務流程需要設定的控制點也不同。

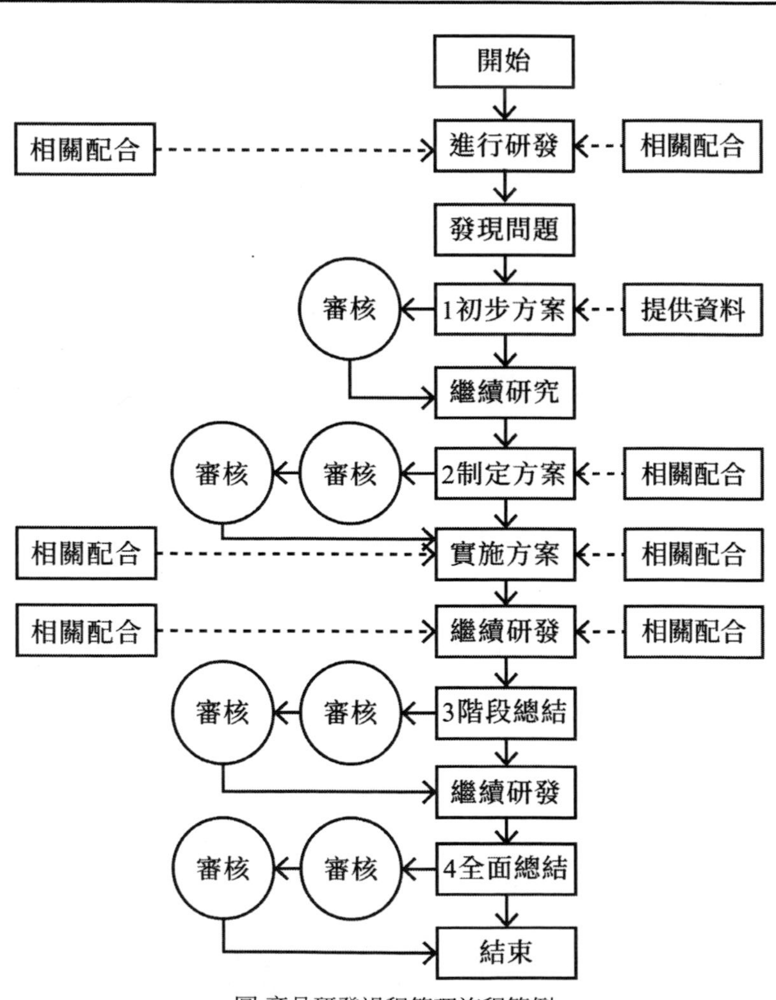

圖 產品研發過程管理流程範例

以新產品管理為例，要想做好新產品開發管理工作，讓新產品能成功上市，關鍵要做好概念評估及過程控制工作；對於那些為應對市場競爭而開發出來的促銷產品及改進類產品，其關鍵是要對市場變化做出快速響應。

因此，在流程清單設計的過程中，要根據產品分類設定相應的流程。具體來說就是要做到以下兩點：

1. 根據不同的業務類型設定不同的流程，先做好差異化管理，再對其進行統一；
2. 確保經分級分類細化處理之後的各個層級的流程能與某個組織層級或者職位層級逐一對應。

在分級分類細化流程清單的過程中，集團管控型企業還需考慮到流程清單的分層問題。在集團管控型企業中，組織層級與管理對象逐一對應。以人力資源管理為例，首先集團總部會制定出整體的流程制度；其次，下屬的業務部門會對該制度進行細分，形成適用於下層組織的流程制度，同時，該制度還要和上一層級的流程相互銜接，形成整體化的流程體系。此外，細分之後的流程清單也可以以流程負責人為依據進行細分，形成下一層級的流程清單。

一般來說，流程清單應以樹狀形式表現出來，逐級分解。但現實的業務流程的表現形式卻是網狀結構，在這個結構中，不同的業務相互交叉，相互作用，形成了一個完整的企業系統。因此，在流程清單分解的過程中，相關人員首先要確定各流程之間的相互關係，尤其是直接觸發關係，即一個流程結束，下一個流程自動啟動。

◆ 流程梳理

流程架構成功建立之後要開展流程梳理工作，要想更好地完成這項工作，關鍵要做到兩點：第一，建立流程描述標準模式；第二，將流程負責人轉變為責任中心，為後續完成流程梳理工作提供有效的保障。

1）建立流程描述標準

在建立流程描述標準之前要做好三點準備工作，首先，要對企業現有的管理習慣進行分析，比如流程圖描述軟體的使用習慣等；其次，要對不同業務流程的特點進行分析，簡化流程描述格式，比如使用 WBS 格式（Work Breakdown Structure）對專案型運作業務進行梳理等；最後，要使流程以詳盡、簡潔的語言描述出來。

流程管理要做到「例外管理標準化」，將在流程管理過程中遇到的例外事件進行梳理、分類，探尋其原因，對流程進行細化，將處理經驗納入模式或者手冊之中。「例外」越多，流程分支也就越多，在流程描述的過程中不能為了追求簡潔而忽略這些「例外」，可將 checklist 等工具導入流程描述標準來以簡潔化的語言對這些「例外」進行描述。

雖然，從表面上看來，流程描述毫不複雜，但絲毫不能疏忽。因為任何一點小失誤都有可能導致描述錯誤，進而影響後續工作的順利開展。為了避免這種情況的出現，在流程描述標準釋出之前，可以選擇某個流程對其進行檢驗，在整個過程中，流程編制人員也能得到有效地訓練。

2）讓流程負責人轉變為責任中心

在流程梳理工作開始之前，必須讓流程負責人轉變為責任中心，讓其對流程梳理工作全面負責。

首先，流程承載著管理和業務兩項內容。從本質上來講，流程梳理就是對運作過程的思考、體會和模擬，是對管理體系的分析、優化和建構。在此過程中，流程負責人需要考慮以下問題：流程要展現出來的管理思想和管理要求是什麼？這些管理思想和要求是否展現了出來？需要朝著什麼方向優化？這些問題都需要流程負責人評斷。

其次，流程負責人需要為流程運作績效負責。流程負責人要以流程為基礎建構具有衡量性的績效指標，並對改進目標進行設定，對業務進行優化。在此過程中，流程負責人要考慮以下問題：流程運作績效指標如何設定？採用什麼方法將工作目標反映出來？對於流程負責人來說，設定的流程運作績效指標能否實現是考核其工作能力的一大標準。

第三，流程負責人承擔著主管及教練職責。流程承載著大量的知識，藉助流程，隱性知識能顯現出來，知識能實現累積和重複利用，藉此能對下屬工作進行有效地指導，能對團隊能力進行快速培養。在此過程中，流程負責人要思考一個問題：為了達到上述目標要建立怎樣的流程規範？

既然在流程梳理的過程中，流程負責人承擔著如此多的職責，那麼要採取什麼方法才能讓流程負責人履行職責呢？

首先，企業要讓流程負責人了解自己承擔的具體職責，引導流程負責人參與流程梳理工作計畫的制定工作，簽訂工作目標承諾書，確保流程負責人全力以赴做好流程梳理工作。

其次，企業要建立流程梳理的定期彙報及流程講解制度，使流程負責人定期向企業高層彙報流程梳理的完成情況，確保流程負責人切實投入到流程梳理工作中去。

最後，將流程負責人作為責任中心建立業務小組，開展流程梳理工作，諮商公司或流程管理部門要承擔起專案管理及指導培訓的責任，以專案計畫追蹤、專業輔導等一系列工作推動流程梳理工作不斷前進。

◆ 流程優化

流程優化工作要達到兩個目標：一是找到現存問題，建構統一的流程優化目標；二是針對流程優化方案形成共識，推動後續流程執行。為了達到這兩個目標，企業必須藉助專案流程組織，推動流程優化工作有效開展。具體來說就是，企業要設定分步控制點，召開組織溝通會議達成共識，以減少流程優化問題的討論次數，提升流程優化效率。

具體來說，流程優化要分三步進行，每一步都要以上一步形成的共識為基礎進行細化。

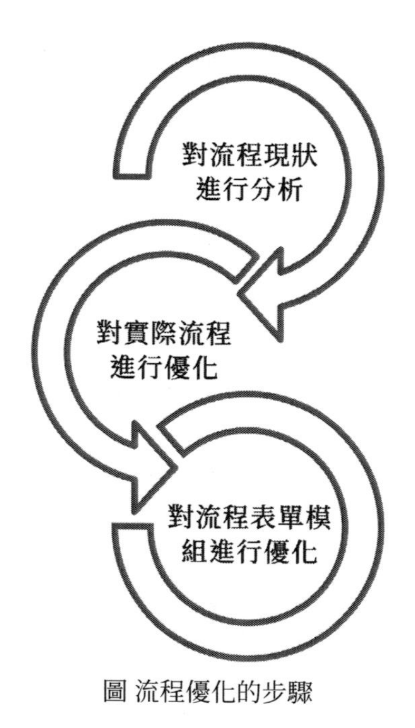

圖 流程優化的步驟

1. 對流程現狀進行分析，對其中存在的問題進行整理，建構流程優化架構，確立流程優化的具體方向。其中流程優化架構的具體內容為流程優化目標、業務組織責任分工、流程運作過程中相關術語、分類定義的統一等。該步驟要開展，首先要在流程主管與部門負責人之間達成共識。
2. 對實際流程進行優化。該步驟要在第一步的基礎上，對現有業務的承接性與延續性進行充分考慮，與流程運作相關的各部門要達成共識；
3. 對流程表單模組進行優化。表單模組是各項流程優化工作落實的基礎，因此，要透過該步驟建立有效的工具來推動流程落實。

對於流程優化工作來說，可以在這三個步驟開展的過程中分別設定關鍵里程碑，以對流程優化工作開展過程中的風險進行有效控制。

流程優化工作需要召開大量的研究討論會，為了確保會議討論效果 —— 達成共識、有效輸出，必須做好會議策劃及管理工作。

1. 在會議召開之前，確定需要達成共識的問題，比如職位職責問題、部門職責問題、流程環節問題等等，針對這些問題提出多個備選方案，並對方案進行有效分析；
2. 在會議召開之前要通知所有與會議主題（會議要達成共識的問題）有關的部門及人員參與會議，以統一各方意見，以在爭執不下的情況下由最高決策者拍板決定最終方案；
3. 在會議討論的過程中經常會出現由一個問題牽扯出多個問題的情況，為了防止會議主題偏離，會議的主持人員或者最高決策人員要即時對其進行引導；

4. 任何方案都不可能達到人人滿意，更不可能達到完美，只要某流程優化方案適用於企業業務發展，且能被各方接受，達成共識，該方案就是最佳的流程優化方案。只要能找到一種這樣的方案，流程優化討論會議的目標就實現了。

流程優化的目標不是形成內容豐富的流程，而是要在流程優化的過程中，引導企業員工形成流程思維、流程運作習慣。為此，在流程優化專案推進的過程中，流程部門及諮商公司要做好管理、推動及引導工作，才有利後續流程的推廣。

優化的涵義、原則與步驟

業務流程再造（BPR）這一概念生於 1990 年，是由麻省理工學院的哈默教授提出的。哈默教授認為：流程再造指的是從根本上對企業流程進行考慮，徹底顛覆原有的企業流程對其進行重新設計，以使企業的各項指標，比如品質、成本、速度等都能得到顯著改善。

業務流程再造概念自誕生以來，就受到了美國企業家、管理者、政客的高度重視。但是這種徹底設計企業流程的做法過於激進，因為它改變的不僅是流程，還有企業長年累積形成的工作習慣，出現了很多失敗案例。

透過對這些失敗案例進行整理，對 BPR 理念進行重新思考，人們選擇了一種折中的方法對企業流程進行改造，即在企業變革業務流程的過程中，以緩和的、循序漸進的流程改進替代流程的全新設計，以達到流程變革目標。為此，人們提出了流程優化的概念。

◆ 業務流程優化的內涵

流程就是一系列將輸入轉化為輸出的能為客戶創造價值的活動的總和，這些活動相互關聯、相互作用。企業流程指的就是以企業目標或任務的完成為目的而開展的一系列相關活動的總和，這些活動跨越時間與空間，具有極強的邏輯關聯。

業務流程優化（BPI），指的是以提升企業績效為目標，對現有的業務流程進行分析、梳理，對其中存在的問題進行完善、改進，實現部門間的無障礙溝通，增強部門間的橫向合作，提升企業運作效率，降低企業營運成本，增強企業的競爭力。

具體來說，業務流程優化的內涵是：針對企業業務流程現存的各種問題，對企業現有的業務流程進行調查、分析、梳理、完善、改進，在 IT 技術及相關配套技術的支持下，以滿足業務及管理需求為前提，打破部門壁壘，建構一種簡單、直接的業務流程，提升企業應對外部環境變化的反應能力，將企業無效的業務活動、不增值的業務活動、等待時間、重複工作、協調工作量減到最少。

以審核流程為例，對該業務流程進行優化，首先要對審核進行分級分類，著重優化審核規則、預算控制、審核要素、授權體系等內容，減少審核時間及審核層級，以提升審核工作的開展效率。

總之，優化業務流程，提升競爭力是企業應對外部環境變化、規範內部管理的必然結果，是企業實現快速、穩定、可持續發展的重要條件。

◆ 業務流程優化的十大原則

現如今，外部市場環境變化越來越快，企業內部執行效率遲遲得不到提升，現有的組織結構及執行模式與現有的、多變的市場環境及經營環境相背離，企業現有的業務流程急需調整、優化。但是企業業務流程優化面臨著諸多問題，這些問題的解決、業務流程的優化都需要遵循一定的原則，下面，對業務流程優化需要遵循的十大原則進行詳細分析。

1）以流程為導向

過去，企業職能職位設定與流程設計之間的關係是後者依附於前者，根據職能職位進行流程設計，這種模式稱為職能導向模式。業務流程優化之後，企業職位設定要滿足業務流程的要求，以流程為標準對職位職責、部門職責、績效考核指標進行優化調整，將企業的管理模式從職能管理轉向流程管理，提升業務流程的開展效率。

2）基於現實

業務流程優化不能閉門造車，要對企業現狀，比如管理基礎、資源能力等進行科學分析，對企業現有的業務流程進行親身體驗，以此為基礎對流程進行優化。

3）循序漸進

業務流程優化必須循序漸進，按照對現有流程進行描述、對現有流程的合理性進行分析、對現有流程進行改善、對改善之後的流程實行執行、對其中存在的問題進行再次討論、對其進行再次改善這樣的順序來進行。在不斷分析、改善的過程中，流程優化才能達到最佳效果。

4）客戶導向

流程客戶是流程產出的使用者，包括外部組織、內部機構和個人。流程最重要的目標就是滿足客戶需求，為此，流程優化也必須以客戶為主，以極大地滿足客戶需求，提升客戶的滿意度為目的。

5）結果導向

對於一個完整的流程來說，其終點是客戶，流程績效要展現客戶意志，流程產出要滿足客戶要求，流程各要素、各種相互關係要為流程產出服務。也就是說，流程的最終結果就是以最高的效率及品質、最低的成本及風險確保流程產出。

6）職責完整性原則

業務流程優化的目標就是使部門或者個人能夠承擔相對獨立的功能，使流程節點之間的相互合作關係得以明確，打破部門壁壘，減少協調工作量。為此，流程優化要以業務關聯度的高低為依據對業務處理功能進行整合或細分，將業務關聯度高的功能整合在一起，將其賦予某個職位或者部門。

7）並行原則

為了縮短流程執行過程中的等待時間和業務處理時間，可以將平行開展的流程進行並行處理。引導與下一個流程相關的人員參與到上一個流程的開展過程之中，或者將上一個流程的執行訊息傳達給與下一個流程的相關人員知曉，以消除訊息孤島，使流程節點能實現有效銜接。

8）價值增值

流程優化設計要提升價值創造節點的執行品質，消除或減少不生產價值的流程或節點，對剩餘的節點進行規範，讓一切流程或節點為主價值鏈服務。

9）定義精確

要清晰、明確地定義流程產出、流程投入、流程活動等要素的特徵，盡最大的努力使其實現量化。

10）IT 支持

業務流程優化要與資料技術的應用結合在一起，對於業務流程優化來說，資料技術是基礎，也就是說要藉助資料技術對管理體系進行規範，對業務流程進行強化，促使其資訊互動速度與品質得以有效提升。IT 技術為資息流程與共享、業務流程的落實提供了一系列工具，能有效地提升業務流程的執行效率及其響應外部環境變化的速率。

◆ 業務流程優化的步驟

業務流程優化要按照以下步驟來進行：

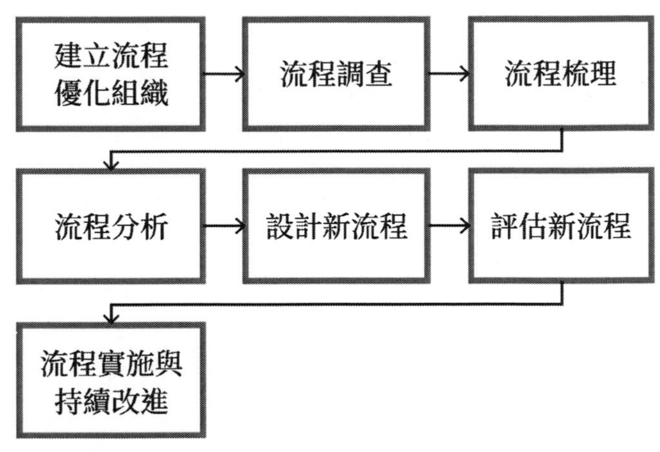

圖 業務流程優化的步驟

1）建立流程優化組織

業務流程優化具有複雜性、系統性的特點，為了確保該項工作的開展效果，企業要在流程優化之前成立流程優化小組，小組成員應包括企業中高層管理人員、業務決策主管、諮商顧問，明確分工，制定計畫。其中諮商顧問要負責流程優化小組成員的培訓教育工作，培訓的主要內容為流程梳理、分析、設計，流程圖繪製，文件編制，流程實施等內容，以增加其專業知識，提升其專業技能。

2）流程調查

流程調查工作的實施主體為流程優化小組，其主要內容是全面、系統地對現有的業務流程進行調查、分析，解析其中存在的問題，確立其要達到的目標。一般來說，大型企業的業務流程多達數百個，且流程散布。再加之企業原有的業務流程不清晰，同一個業務流程，執行者不同，對業務流程的描述也不同。在這種種情況的作用下，流程梳理工作變得非常複雜。

3）流程梳理

業務流程調查工作完成之後要對流程進行梳理。一般來說，流程梳理工作的任務量非常繁重，其內容包括繪製業務流程圖、制定流程說明等。流程梳理是流程優化的關鍵一環，能幫助相關人員全面理解企業現有的流程，使業務操作變得標準化、視覺化。同時，流程梳理還要對現有的業務流程的開展效率與效果進行確立，將其中存在的問題呈現出來，為後續流程優化工作的開展打好基礎。

4）流程分析

流程梳理工作完成之後要進行流程分析，對現有的流程節點及執行過程進行梳理，使其中隱藏的問題顯露出來，找出該問題優化可能涉及到的部門，蒐集、整理該部門員工的意見與建議，對流程進行優化，提升其可行性。

5）設計新流程

流程分析結束之後，以流程優化目標及原則為依據，對原有流程進行改造，或者對流程進行重新設計，對其中非增值的流程進行整合，將重複的流程或者不必要的流程進行削減，建構一種新的流程模型。新流程模型建構之後要將其與 IT 技術結合在一起，將軟硬體與企業的管理營運活動結合在一起，讓新流程融入 IT 系統，使流程資訊能藉助 IT 技術實現彙總、傳遞和處理。在業務流程優化的過程中，該流程是非常重要的一個環節。

6）評估新流程

新流程評估要以企業目標及現實條件為依據，評估內容包括兩個方面，一是對新流程的使用效率進行評估，二是對新流程的最終效果進行評估。這就是所謂的「雙效」評估。

7）流程實施與持續改進

完成「雙效」評估之後，要將新流程落實應用。在新流程執行實施的過程中，要對其中的優點和缺陷進行整理，對缺陷進行彌補改進。流程優化是一個循環往復的動態過程，一個流程分析、設計、評估、實施、改進流程結束之後就又會進入下一個循環，在動態循環中完成自我完善。

業務流程管理展現了企業的管理水準，對企業運作品質與運作效率有重要的決定作用。對業務流程進行優化，增強流程管理，能有效降低企業運作成本，提升企業營運效率。

以 IT 為基礎的流程優化

對於多數企業來說，資訊化建設這一概念非常熟悉，但企業的資訊化建設效果著實不佳，使其有了「IT 黑洞」之稱。誘發這種結果的原因有很多，比如管理系統不完善，系統實施部門不專業、缺乏經驗等，但這些原因都沒有觸及到問題的核心，其核心問題是企業的資訊化建設脫離了企業的管理體系，兩者難以契合。

企業資訊化建設是管理體系改造的過程，其基礎是資料技術的應用。業務流程優化涉及的問題非常複雜，不是單純的管理技術問題，還涉及資料技術問題，必須藉助資料技術對管理體系進行強化，增強資料傳輸品質，提升資料傳輸速度。

◆ 業務流程優化的過程

業務流程優化需要從三個步驟來實現：

1）現狀調查

業務流程優化小組要對現有流程進行調查，對企業的盈利模式、管理模式、策略目標、企業流程現存問題、資料技術的應用、國內外的成功經驗等進行深入了解，分析現有流程與目標流程之間的差距，找到業務流程的優化對象，形成調查報告。

2）管理診斷

業務流程優化小組與企業員工對調查報告進行分析、討論、修正，對管理再造需求進行深入解析，針對其中存在的問題提出各種解決方案，形成診斷報告。

3）業務流程優化

業務流程優化的主要內容是業務流程優化小組對診斷報告的內容進行深入分析、協商修正，對各種問題解決方案進行細化。

具體來說，業務流程優化要按照以下方式進行：對企業的功能體系進行整理——對企業的各個功能進行細緻描述，繪製業務流程現狀圖——找到現有業務流程中存在的問題——結合資料技術建構業務流程優化模式——將業務流程優化模式以具體的形式展現出來，繪製優化之後的業務流程圖。

◆ 業務流程優化的方法

業務流程優化可以採取兩種方法完成，一是系統化改造法，二是全新設計法。

1）系統化改造法

系統化改造法的應用基礎是現有的流程，透過對現有流程進行整合、簡化、自動化等方法對其進行重新設計。

2）全新設計法

全新設計法就是根據流程優化目標，徹底顛覆原有流程，從零開始對新流程進行設計。

企業要在考慮外部環境及內部實際情況的條件下對這兩種流程優化方法進行選擇。通常情況下，如果企業所面臨的外部環境比較穩定，企業就可以採取系統化改造法對流程進行優化，此時的流程優化以短期改進為主；如果企業所面臨的外部情況較為動盪，企業就要選擇全新設計

法對流程進行優化，此時的流程設計要高瞻遠矚，進行大幅度改動。從大多數企業的實際情況來看，系統化改造法比較適用，最好將其以流程圖的形式表現出來。

◆ 業務流程優化順序

一般情況下，業務流程優化要按照以下順序來進行。

首先，成立業務流程優化專案小組。對於業務流程優化工作來說，成立流程優化專案小組是前提，小組成員應由專業人員構成，小組負責人應由某位具有高層決策權的管理者擔任，以使業務流程優化小組更好地開展工作。業務流程優化小組的主要職責是對現有的業務流程進行描述、分析、診斷，制定流程改進計畫，對新流程的設計方案和改造方案進行細化，推動新的流程方案落實並執行。

其次，找到阻礙流程優化目標實現的因素。

再次，流程優化小組將情況回饋給主管，得到主管確認之後開始對流程優化方案進行設計，制定業務流程優化目標，確立業務流程優化範圍，推動業務流程優化工作落實。

最後，初步流程優化方案制定出來之後，要對新流程的執行效率、效益及可行性等問題進行分析，對方案進行進一步優化。

◆ 業務流程優化的思路

從本質上來講，業務流程優化就是管理體系的再造或者優化，在業務流程優化的過程中勢必存在企業策略定位及策略思想的變化，因此，企業可以藉助業務流程優化來改進企業的管理體系。

依照上述思路，企業要想優化業務流程，首先要規範企業現有的管理體系。其基本做法是：借鑑國內外成功的企業管理經驗，結合企業的業務特點及發展策略，深入研究企業的經營模式及管理模式，挖掘其中存在的問題，找到兩者之間的差距，重新定義企業的經營模式及管理模式，建構新的管理理念。

新的管理理念指的是與企業發展實況相配合，經其他企業檢驗成功的管理理念，其內容具有豐富性、獨特性的特點。目前，常見的新的管理理念有：從靜態管理轉向動態管理、從職能管理轉向流程管理、從主觀管理轉向客觀管理、從分散管理轉向集中管理等。

以「從職能管理轉向流程管理」為例對其進行具體說明：之前，很多企業的管理理念都是職能管理，也就是將某項工作安排給特定的部門負責，再將工作細分給部門員工。而藉助資訊化技術實現業務流程優化之後，管理理念從職能管理轉向了流程管理，根據業務流程設定職位職責與任務，有效地提升了資訊互動效率及客戶反應速度。

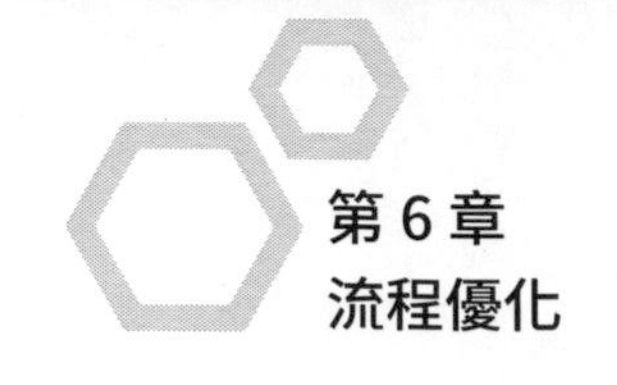

重點在持續改進

現階段，很多企業都將「流程優化」視為提升企業營運能力及競爭力的重要方法。但是，從現實情況來看，流程優化所取得的效果並不明顯，具有永續性的營運機制及改進機制尚未形成。該問題出現的原因在於：企業對流程優化的認識不深，忽視了其持續性的特點，認為企業的流程優化就是要對企業所有的業務流程進行一次性的改進或重組。

在這種錯誤認知下，業務流程優化專案結束之後，優化之後的流程或許能滿足企業一時的發展需求，但隨著企業的發展，業務流程的不適應性就會逐漸顯現出來，就又要再次對業務流程進行大規模的調整。這種流程優化模式不僅耗時耗力，還容易形成資源浪費，引發員工的牴觸心理，使管理層對流程優化失去信心。要解決這個問題，企業就要正確認知流程優化，對其內在規律進行精確掌握。

事實上，企業的流程優化不是一次性就能完成的，它是一個循序漸進、持續改進的過程，在這個過程中，企業最重要的工作就是為該循環體系的健康運作提供能力與制度保障。

◆ 確立流程優化目標

對於流程優化來說，其能否成功的關鍵在於企業能否對流程優化的目的及目標做出正確的判斷。

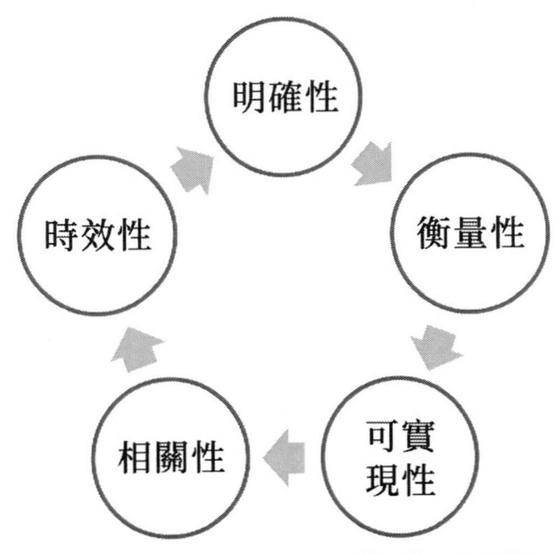

圖 正確的流程優化目標需要滿足的五個原則

要形成正確的流程優化目的及目標，企業要對其現狀進行全面分析，對現實與目標之間的差距做出正確判斷，找出提升企業競爭力的關鍵因素，建立正確的流程優化目標。一般來說，正確的流程優化目標要滿足五個原則，分別是明確性（Specific）、衡量性（Measurable）、可實現性（Achievable）、相關性（Relevant）和時效性（Time-based），這五個原則又稱 SMART 原則。

◆ 選擇正確的流程優化方案

找出流程優化目標之後，企業要根據自身的資源狀況對其組織能力進行有效分析，建構流程優化計畫及實施方案。在此階段，企業管理者首先要對「是否優化企業的組織架構」做出正確的判斷。企業管理者要以流程優化目標為指導，選擇正確的流程優化方案。

◆ 對目標流程進行優化設計

在確定了流程優化方案之後，企業要對目標流程進行優化設計。這個過程要遵循以下原則：

圖 目標流程優化設計的原則

1）消除

消除原則指的是將企業中不增值或者經常造成資源浪費的業務流程消除。以豐田為例，豐田對其業務流程中容易產生浪費的環節進行了整理，制定了 7 大消除目標，分別是消除庫存浪費、不良品浪費、過度生產浪費、加工浪費、搬運浪費、等待浪費及動作浪費。

2）簡化

在流程優化過程中，簡化的主要對象是溝通環節、報表格式、表現形式，其目的是降低管理成本。

3）整合

整合有兩種形式，一是水平整合，二是垂直整合。

水平整合指的是將原先需要由各個部門配合完成的工作整合成一個完整的工作交由一個部門負責；或者將分散在企業各處的資源整合起來

交由一個部門或者個人負責。透過水平整合，不僅能減少溝通環節，提升溝通效率，還能為客戶提供單一的接觸窗口，提升客戶服務品質。

垂直整合就是形成扁平化的組織結構，適當地給予員工一些權利，為其提供一定的資訊，減少控制及監督，讓一線工作人員能在遇到問題時即時做出抉擇，省去向上級請示的麻煩，提升企業對市場變化的反應速度。

4）資訊化

資訊化指的是藉助資料技術對原有的業務流程進行改造，提升其效率及準確度。流程優化完成之後就進入了流程實施階段，在此階段，企業的主要任務是將新流程融入企業的資訊系統中，該任務的完成效果對流程優化實施效果有直接影響。很多企業在資訊化建設之前都沒有對流程進行優化，或者沒有將系統的資訊化改造與企業實際的業務需求相結合，使得資訊化建設效果不佳。

此外，在流程優化實施階段，為了確保流程實施的效果，企業還需要克服阻力，建立流程實施規範。對於員工來說，有兩件事會去做，一是他們願意做的事，二是不得不做的事。因此，為了確保流程優化實施的效果，管理者要將流程優化與員工工作相結合，將其轉變為員工願意做的事；要將流程優化與員工績效相結合，將其轉變為員工不得不做的事。也就是說，要確保流程優化效果，企業要做好員工的獎勵工作及績效考核工作。

當優化之後的新流程融合到資訊系統中得以推行實施之後，流程就會進入穩定規範期。之後，隨著外部市場環境變化，企業要對策略目標進行調整，一個新的流程優化過程就又啟動了。

總之，流程優化並不是一個單一的工作，它具有系統性、體系化的特點，需要企業全體員工參與其中。對於企業來說，流程優化只是一種實現自身業務目標的方法，其目標是否正確與其結果的好壞密切相關。所以，要確保流程優化結果的正確性，首先要確保流程優化目標的正確性。

如何持續改進？

流程是企業核心競爭力的真實展現，為企業創造了價值。隨著流程輸入、流程輸出及客戶需求的不斷變化，流程能力不斷減弱。客戶需求的傳輸要歷經客戶 —— 企業 —— 供應商這個過程，企業價值的傳輸流程則恰好與此相反，要歷經供應商 —— 企業 —— 客戶這個過程，其最終目的是提升客戶的滿意度。

面對持續變化的供應商、企業流程及客戶需求，企業要保持其為客戶提供價值的穩定性，要保持企業價值與客戶需求變化始終相符，要提升企業競爭力，只能對供應商流程、客戶需求收集處理流程和企業流程進行持續改進。

◆ 持續改進價值規劃流程

企業存在發展的根本原因在於企業能創造價值，因此，企業發展的第一要務就是對企業價值進行規劃，比如目標客戶有哪些？企業要為目標客戶提供什麼樣的價值等等？在此過程中，就會涉及到市場選擇、客戶細分、價值提議等策略規劃問題。對於企業來說，價值規劃是最重要的流程，它對企業所有的價值邏輯都有決定作用。但在企業實際運作的過程中，很多企業都會忽視價值規劃。

企業要持續改進價值規劃流程，要做到以下三點：

價值規劃流程

· 確定目標客戶
· 確定目標市場
· 充分了解客戶

圖 持續改進價值規劃流程的基礎

1）確定目標客戶

客戶需求具有多樣化的特點，滿足所有客戶的需求對於企業來說可謂是天方夜譚。事實上，並不是所有的客戶都能成為企業客戶，為此，企業持續改進價值規劃流程的第一要務就是確定企業的目標客戶。

2）確定目標市場

對於大多數企業來說，其所提供的價值只能滿足一部分市場需求。即便某些企業能滿足全部市場需求，也需要分階段、分步驟來完成。為此，企業要持續改進價值規劃流程，就要對市場進行分析，確定目標市場。從本質上來講，確定目標市場就是對客戶進行細分。

3）充分了解客戶

企業持續改進價值規劃流程最關鍵的一步就是了解客戶，觀察客戶對企業所提供產品、服務、解決方案的使用習慣。企業對客戶需求了解得越多，就表明企業滿足客戶需求的機會就越多。在各式各樣的客戶需求中，有被滿足的需求，有被超額滿足的需求，也有未被滿足的需求，企業了解客戶的主要任務就是找出這些未被滿足的需求。這些需求是客戶定義的價值，是企業價值規劃的對象。

企業價值規劃的主要內容是：確定企業的目標客戶，確定企業能為其提供的產品與服務，解析這些產品與服務的特點、品質水準、配送方式，分析如何利用這些產品與服務滿足或超額滿足客戶需求。事實上，企業了解客戶需求，定位市場價值，將價值展現在具體的產品和服務中的過程屬於企業的策略規劃，只是這種策略規劃更加清晰，與現實更加契合，更具有可行性。

◆ 持續改進企業的價值生產流程

在價值規劃完成之後，企業要以之前確定的客戶、市場和價值為目標，開發產品或者服務，對其進行合理地定價，採購相關原料，組織生產，最後將產品和服務配送到客戶手中。在企業所有的營運流程中，這個流程非常關鍵，它是企業以自己的資源與能力為企業生產價值、提供價值的過程，這一流程備受企業關注。

一方面，藉助該流程，客戶端的價值訊息被傳送到企業乃至供應商的各個流程中，使客戶價值能在各個流程得以傳遞；另一方面，要消除每個業務流程中形成的浪費，使價值生產流程得以持續改善。做到這兩點，就能切實讓流程運送訊息與原料流動實現有效對稱。

在價值生產流程中，一個關鍵環節就是以客戶需求為導向生產產品與服務：

1. 形成產品概念及服務概念，確定目標客戶，收集客戶意見，挖掘客戶的關鍵需求及產品與服務的功能需求，整合客戶需求，做好產品及服務的定位工作；

2. 做好產品及服務的設計工作，重視品質，做好產品服務模型的設計工作，確保產品展現客戶需求，能切實滿足客戶需求；
3. 優化產品設計，包括產品及服務的更改設計、完善設計及簡化設計，對其進行可靠性分析、統計分析及靈敏度分析，完善產品及服務的設計規範；
4. 做好產品設計的控制工作，針對產品生產流程擬定控制計畫，對其進行統計驗證，對其流程能力進行評估，建構相應的規範體系，打造商業化運作模式。

一個優秀的產品或服務設計就是一個策略規劃，一定與客戶需求相契合，與市場趨勢相呼應，需要歷經多個環節的評估才能進入商業營運流程，雖然可視性較差，但效果卻非常好，是企業核心競爭力的真實展現。

現階段，關於持續改進營運流程的理論都已經非常成熟，能幫企業流程實現低成本、高速執行，能增加產出數量，提升產出品質，增強客戶的滿意度，使企業的競爭力更明顯、更強大。

◆ 持續改進企業的價值交付流程

企業生產出價值之後，要將其告知客戶，以形成品牌，建構專屬的銷售管道；要將生產出來的價值交給客戶來換取利潤，用於回報股東、支付員工薪酬。

現階段，很多企業都忽視了這個流程，尤其是那些代工企業，雖然能生產產品、創造價值，卻沒有形成品牌及銷售管道，付出與所得的利潤回報失衡，使得企業難以實現健康、可持續發展。由此可見，對於企業來說這個流程非常重要，實現的難度也非常大。

因此，企業必須持續改進價值交付流程，改進市場行銷流程、銷售管道流程、物流流程、品牌流程及財務流程，對這些流程進行持續優化，使其核心競爭力得以持續提升。

改善流程的五種管理工具

◆ 流程再造

企業再造之父、管理大師麥可．哈默曾表示，很多現代人習以為常的工作流程多是上世紀的產物，是在傳統觀念的基礎上形成的，隨著社會的發展，這些流程的價值早已大大降低，但人們依然在使用。哈默還指出，現代企業要想真正地利用資料技術，就要徹底顛覆這些傳統的業務流程，對其進行重新設計，去除其中不必要的環節，實現業務流程再造。

隨著外部競爭環境日益複雜，技術變革日益迅速，很多企業都存在「生產力悖論」（productivity paradox）現象。生產力悖論指的是這樣一種現象：企業在 IT 方面的投入很大，但企業的生產力卻沒得到有效改善。據統計，在 1980 年代，美國企業投入 1,000 億美元用於資訊化建設，但企業的生產力水準卻沒有因此得以有效提升。

對於生產力悖論現象，有一個公認的解釋，即很多企業組織都沒有對資料技術的潛力進行深入挖掘、使用，只是簡單地使用新技術開展現有業務，推動現有業務實現自動化，加速發展。如果某項活動本身就效率低下，使用新技術加速該業務的實施，並不會提升其效率。

一般情況下，企業生產的某種產品會分散在不同的部門中，CoE（Center of Excellence，卓越中心）對其進行整合，將其匯聚到一個 CoE 中。這種按照流程完整性標準將作用於同一類產品的分散資源集中在一起的做法，能將那些同類型產品、功能單一、流程完整、分散在各部門的業務集中起來形成 CoE 群組，每個 CoE 群組都能致力於研發、生產專業部件，使部件生產達到低成本、高品質、及時配套的目標，使其實現產業化發展。

◈ 精實生產

對價值進行精確地定義是精實思維的精髓。精實思維產生於 1940 年代，是由日本豐田汽車公司提出的，其主要內容是精實生產。藉助精實思維、精實生產，企業的生產力能得以有效改善，為此，精實生產被人們稱為「改變世界的機器」。

經研究發現，精實生產的原理具有普遍性。國際汽車計畫（IMVP, International Motor Vehicle Program）曾做過一項調查，調查對象是 15 個國家的 90 家汽車工廠；調查內容是精實生產與批次生產之間的區別；調查結果是精實生產的原理在全球每一種工業中都適用。

精實思維的基本內涵是：以最佳的順序對生產價值活動進行排列，只要排列過程不中斷，無論是該活動的實施主體是誰，都能取得效果。也就是說，精實思維為人們提供了一種以日益減少的投入獲取日漸增多的產出的方法，這裡的投入包括人力、設備、時間、場地等因素。在這種方法的支持下，企業生產出來的產品與客戶需求越來越貼近，客戶滿意度及企業生產力都越來越高。

◈ 六標準差

六標準差概念產生於 1980 年代中期，是由摩托羅拉公司（Motorola, Inc.）率先提出的，被廣泛應用於全球大型企業之中。據統計，現階段，在《財星》（*Fortune*）雜誌羅列的世界 500 強企業中，有超過 50% 的企業正在推行或者已經成功推行六標準差理念。

第 6 章
流程優化

從統計學的角度來看，六標準差品質水準指的是每 100 萬個產品中僅有 3.4 個產品存在缺陷；從管理學的角度來看，六標準差管理指的是為企業提供一個高標準的管理流程。從本質上來講，六標準差是在統計學的基礎上形成的一種流程控制，其核心理念是如果流程中的缺陷數量能被準確地測量出來，就能使用系統化的方法將其消除，使流程變得幾近完美。

企業管理人員對現有的業務流程進行分析，發現了以下問題：布局存在缺陷，工作部門散亂；產品與人員之間的距離較大；現場零件散亂，物流通道不順暢、不安全；計畫傳遞不順暢，各流程的開展需要等待較長時間；零部件測量耗費的時間長，不合格率較高，重工率較高；員工對多個職位的勝任力不足，不能及時補充到其他的職位上去。

在發現這些問題之後，企業導入了六標準差對資料進行深入分析，尋找問題產生的原因，對業務流程進行優化調整，縮短了修理週期，減少了施工人員，縮短了員工與零件之間的距離，降低了成本，提升了效率，使上述種種問題得以有效解決。

事實上，六標準差的目的就是建立一種幾近完美的流程、產品和服務來滿足客戶需求，獲取高額利潤。一般來說，六標準差的核心價值理念包括七個方面的內容：

1. 一切工作都是過程，過程決定結果；
2. 如果某項工作難以測量，就難以進行管理、改進；
3. 決策要根據數據來完成，數據決定決策；
4. 任何過程都具有波動性，改進機會存在於波動過程中；
5. 改進過程需要依賴科學的方法實現；
6. 所有過程改進工作都要與顧客的滿意度及企業發展策略相連；
7. 所有過程改進工作都必須有底線和最終要達到的結果。

六標準差的價值能在單獨專案改進方面得以有效發揮，但也有一定的侷限。因為六標準差的應用是有前提條件的，假設在基本層面上現有設計是健全的，只需做出小改動就能使其效率得以有效提升。如果這種假設不存在，六標準差就毫無用武之地。

從這個角度來說，六標準差所能發揮的作用就是改善。它告訴人們一個道理，要在初始階段將問題消滅，將事情做好。

◆ 能力成熟度模型

能力成熟度模型（Capability Maturity Model，簡稱 CMM）是在 1980 年代中期由漢弗萊（Watt Humphrey）等人提出的，其核心是流程評估。藉助流程評估，流程會變得可測量、可預測，影響企業生產力及產品品質的因素會被消除，流程能力能得以穩定改進、逐漸增強，組織模式會越發成熟，預算的精確性會得以提升，產品開發週期能有效縮短，產品生產效率及品質能得以有效提高。

在能力成熟度模型的基礎上形成的流程改進始於管理的承諾與評估，相關人員會根據評估結果制定下一步計畫，計畫完成之後再進行評估，以此類推，直到組織模式變得成熟，產品品質得以提升，流程得以不斷地改進、監控、實現自我調整，使客戶需求得以滿足。

產品資料成熟度指的是在產品數位化研發的過程中，定義產品資料中的關鍵對象或關係的一種標識，是該對象或關係在產品研發過程中進展情況的真實反映，以此為依據能推動相關工作開展。在能力成熟度模型中，有 5 個成熟度等級。企業在使用能力成熟度模型優化流程時，可按成熟度等級從低到高推進工作，直到其到達最高成熟度等級。

在資料管理系統中，成熟度狀態能以生命週期狀態顯示出來。流程改進專案的參與人員或者被賦予訪問權限的人員都能對資料成熟度狀態

進行即時檢視，在此過程中，如果目標成熟度發生變化，系統會自動向相關人員發出通知。

◆ 知識管理

面對日新月異的外部環境，企業能藉助知識保持長久的競爭優勢。事實上，流程也是一種獨立於環境背景的知識與能力。透過科學的流程設計，企業能實現知識管理，企業競爭力也能得以有效增強。

對於大多數企業來說，人員流動、專案更迭都是常態，但最令人惋惜的就是在人員流動、專案更迭的過程中企業累積的諸多經驗被慢慢消耗。並且，如果企業不能在其中累積教訓，將會遭受更大的損失。另外，知識不能有效共享等原因也會使企業的競爭力深受影響。貨幣只有流通才能產生價值，知識也是如此，只有在流程運轉的過程中才能實現價值。

知識是在累積中得來的，如果企業累積的穩定知識（不隨環境變化的知識）多，企業能實現持續使用及重複使用的知識與能力就多，企業應對外部環境變化的成本就低，速度就快。反之，如果企業累積的穩定知識少，面對外部環境變化，企業做出的反應會很慢，成本會很高。

現如今，專注於流程改進的工具很多，流程再造和流程管理、精實生產、六標準差、能力成熟度模型、知識管理等工具的應用範圍極廣。雖然這些工具的理念與方法各不相同，但其核心只有一個，就是流程。

流程再造與流程管理的目的就是改進流程，提升企業的競爭力；六標準差透過控制流程波動來提升產品品質，增加客戶滿意度；精實生產透過消除流程中的浪費環節及不增值環節提升流程效率，為客戶創造價值。由此可見，流程是所有工具的基礎，提升流程品質與效益是所有工具的共同目標。

第 7 章

六標準差管理

管理理念與組織結構

六標準差（Six Sigma）管理法是 1980 年代由摩托羅拉公司創立的管理理念和方法，融入了眾多前沿性的管理成果，透過嚴格、集中和高效地改善企業流程管理品質，大幅降低品質成本，提升企業經營績效和競爭力，實現「零缺陷」的完美商業追求。

六標準差管理主要是透過合理有效地推行六標準差專案獲取經濟效益，進而藉助這些專案的有效開展逐漸改變乃至重塑成員的觀念與行為方式。總體來看，六標準差管理理念包括兩層含義；一是對不合格內容的一種測評指標；二是提升企業經營績效的一種方法論和管理模式。

◆ 六標準差管理的基本理念

1）真正關注顧客

顧客是接受產品或服務的組織或個人，分為外部顧客和內部顧客兩種，前者指中間使用者和終端使用者，後者指企業內部員工、產品或服務的上下游等。六標準差管理中，業績考核的起點和最終指向都是顧客，是以顧客需求為中心，真正關注顧客。

顧客關注的是產品或服務的品質、成本、供應、售後、安全等內容，因此六標準差管理中，首先確定的也是顧客需求以及能滿足這些需求的流程，透過逐步減少業務流程中無法滿足顧客需求的「缺陷」來不斷提高顧客滿意度。

2）無邊界合作

分工合作是提高生產效率的有效方式，但一些企業卻常常出現內部各部門都努力工作，但最終結果卻不盡人意的情況。究其原因，主要是有邊界的分工弱化了訊息傳遞共享能力和部門間的協同效果。

與此不同，六標準差管理倡導的是無邊界合作，打破職能、官銜、地域、種族、性別和其他一切人為壁壘，從顧客利益而非部門利益出發，在顧客中心導向下實現不同部門間的緊密協同、向著一致的目標前進，為顧客提供完美的產品或服務，進而實現公司整體利益的最大化。

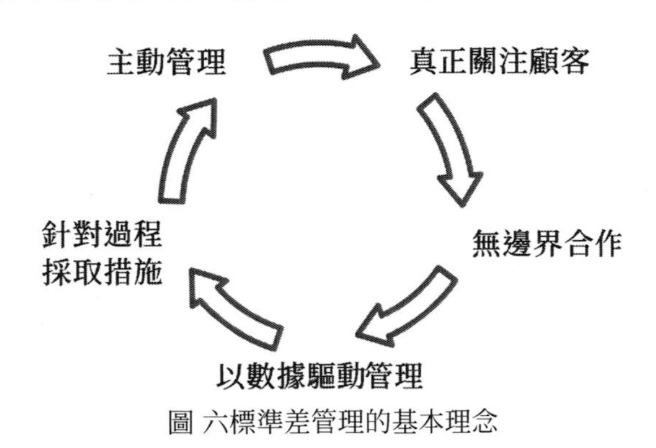

圖 六標準差管理的基本理念

3）以數據驅動管理

六標準差是以數據驅動管理，所有管理動作和決策行為都以數據為基礎和支撐，而不是憑藉定性的、感覺的、經驗的或情緒的方法和模式進行管理，因此更加科學、穩定、可靠。六標準差管理的一個顯著特點是「用數據說話」——確定需要解決的問題、衡量當前的管理狀態和水準、計算實際結果與期望結果的差距等，都需要用數據來說明和分析。

總體來看，六標準差數據管理需要分析顧客滿意度的影響因素，對管理系統進行評估並追蹤結果與產出，對生產、服務和業務流程的投入

情況進行追溯，以及收集分析所有其他可預測的因素，最終為管理決策和管理行為提供詳盡全面的數據資料。

4）針對過程採取措施

任何生產和服務行為都有一個過程，即透過一系列物理的、化學的、生物的、社會的作用和反應，將生產要素、要求、目標等輸入因素最終轉化為產品或服務輸出的流程。因此，實質來看，生產要素投入後能否輸出合格的、達到人們預期的內容，關鍵就在生產過程本身，這也是管理的主要目標 —— 針對過程而非輸出結果採取有效的管控手段。

很多管理方法偏重的都是與客戶緊密相連的最終結果部分，如加強產品檢驗、有效處理顧客不滿意的地方、提高售後服務等，都是圍繞結果採取的措施。然而，這些讓顧客不滿意的、不符合規定的內容，其實都是在生產過程中產生並由於檢驗疏漏而最終流向客戶的。因此，六標準差管理從源頭著手，強調對生產、服務過程中可能影響輸出品質的因素進行有效管理，從而最大程度地減少乃至杜絕有缺陷的產出。

5）主動管理

也叫預防性管理，指在風險事件爆發之前，基於數據分析、問題、狀況等的變化方向和趨勢，預測可能會發生的影響生產運作的情況，並提前採取預防性的管控措施，確保生產過程始終按照既定軌道和預期目標運作。

六標準差管理主張打破傳統被動消極的做事方法，提倡預防性的積極管理，鼓勵相關人員設定有挑戰性的目標，建立優先順序，對採取前瞻性預防措施成功規避風險事件或問題發生的人給予和事後解決問題的人同等程度的獎勵。

◆ 六標準差管理的組織結構

1）管理委員會

六標準差管理委員會主要由公司領導層人員組成，是企業建立和推行六標準差管理模式的最高領導機構。

管理委員會的主要職責包括：設立並分配六標準差管理初始階段的各種職位；決定公司內部需要改進的專案以及改進的優先順序，並合理分配資源；對各個專案的進度定期評估和指導；在專案運作出現問題時，幫助專案小組尋找和制定解決方案，推動專案順利開展。

公司任何變革的順利實施都離不開領導者的有力支持，六標準差管理的成功同樣也離不開企業內部從上到下的強力貫徹執行。企業領導者需要深刻了解六標準差管理為企業帶來的價值，以及各個改進專案所要達成的目標，對變革充滿信心，並在企業內部建構一種積極進取、樂於變革的環境氛圍。

2）執行負責人

執行負責人在六標準差管理中至關重要，因為改進專案的開展、變革目標的落實都需要透過具體的執行才能夠實現。這會要求執行負責人具備較強的綜合協調能力，可以整合協同公司內部各方面的資源，因此一般由一位副總裁以上的高層管理者擔任。

具體的職責是：設定改進專案的目標、方向和範圍；幫助專案協調所需資源；加強專案小組間的交流溝通，並及時處理小組間的重疊、衝突等問題，推動專案順利開展。

3）黑帶

黑帶（Black Belt）原指軍事領域中具有精湛技藝和本領的人，引申到六標準差管理中，是指變革的中堅力量，是專案小組的負責人，帶領流程變革專案的開展。黑帶從公司內部選拔，由外部諮商機構配合公司內部相關部門對其進行培訓和資質認證，透過認證後獲得黑帶稱號，全職實施六標準差管理，並負責培訓綠帶。

黑帶候選人要具備大學數學和統計分析方面的基礎知識，以及比較豐富的工作經驗；要經過 160 小時的理論培訓，並由黑帶大師一對一地進行專案訓練和指導；培訓之後，這些黑帶候選人還要能夠熟練電腦操作，掌握一項或以上的統計學軟體。

可見，黑帶的要求其實很高，即便在那些成功建立六標準差管理模式的公司，也只有大約 1% 的員工培訓後獲得了黑帶認證。

4）黑帶大師

黑帶大師是六標準差管理中最高級別的專家，一般是精通統計知識的專業人士，主要在六標準差管理中提供技術指導工作；黑帶大師必須熟悉黑帶需要掌握的所有知識，並精通基於統計學方法的管理理論和數學計算方法，能夠確保黑帶在應用這些方法時的正確性；同時，黑帶大師還要負責對黑帶進行統計學方面的培訓。

因此，在六標準差管理的人員組織架構中，黑帶大師的人數很少，通常只有黑帶數量的 10%。

5）綠帶

綠帶（Green Belt）在六標準差管理中做的是兼職性工作，培訓後主要負責一些比較容易的小專案或是成為專案小組的成員。根據六標準差管理中的具體專案，綠帶一般要經過 5 天左右的課堂專業培訓，內容主要包括專案管理、品質管制工具、品質控制工具、問題解決方法、資料分析等。綠帶的培訓通常由黑帶負責，並在培訓之中和之後對綠帶進行指導、協助和監督。

在企業管理中的作用

企業學習和應用一種新的管理理論和方法，主要目的是為了獲取該方法的獨特價值。六標準差管理法，其最大價值在於提升企業整體管理水準和品質，實現成本降低、效率提高與企業競爭力的提升，這也是很多企業學習與推行這一方法的根本原因。

與傳統管理方法相比，六標準差管理的最大優勢在於能夠提前發現和預判企業執行中的隱藏問題或潛在風險，幫助企業在危機爆發前採取有效的預防措施，從而減少和規避問題或風險的發生。

◆ 能夠提升企業管理的能力

六標準差管理以數據和事實為基礎，將企業以往停留在口頭和書面上的管理理論和認知轉變為實際有效的行動，讓理論與實踐真正結合起來，實現科學、穩定、可靠甚至「完美無瑕」的管理，大幅提升企業管理能力和水準。因此，六標準差管理法也被人們看作是一種無缺陷管理方式。

作為六標準差管理理念的創始者，摩托羅拉公司藉助該管理法獲得了巨大成功。比如，1980 年代早期摩托羅拉在產品品質方面的優化目標是每 5 年改進 10 倍；而採取六標準差管理法後，改為每 2 年改進 10 倍，並創造了 4 年提升 100 倍品質的輝煌成就。

國外公司在六標準差管理中的成功經驗顯示：若企業大力實施六標準差管理變革，每年提高一個標準差，直到達到 4.7 標準差時，都無需太多的資本投入便可在利潤率方面獲得十分可觀的提升。達到 4.8 標準差後，雖然再想提升管理水準就需要增加資本投入、重塑流程，但此時企業的產品和服務已經具有了很強的競爭力，市場佔有率也獲得相應提高，在市場中處於優勢地位。

◆ 能夠節約企業營運成本

當企業產出不合格的產品或服務時，要麼廢棄或重做，要麼幫助客戶現場維修或調換，這些顯然都需要額外的成本支出。六標準差管理則透過對生產過程的高度關注和有效管理，從源頭上減少甚至杜絕不良品的輸出，從而節約了企業營運成本。

相關統計數據顯示，一個執行 3 標準差管理標準的企業，其直接與品質問題有關的成本花費只占銷售收入的 10% 到 15%。如摩托羅拉從 1987 年到 1997 年實施六標準差管理法的 10 年間，累積節省的成本已達 140 億美元；而從事多元化高科技和製造業的漢威聯合公司（Honeywell International），僅 1999 年一年就因採取六標準差管理法而節省了 6 億美元的成本。

◆ 能夠增加顧客價值

六標準差管理透過收集顧客需求和訊息，使公司精準定位和深度挖掘顧客需求；然後藉助六標準差管理原則減少產品和服務中的隨意性並降低錯誤率，提高顧客滿意度，從而實現從了解和滿足顧客需求到獲取最大利潤之間各環節的良性循環，既為顧客創造更多價值，也使公司獲取更多收益。

比如，奇異集團（General Electric Company，簡稱 GE）的醫療設備部門採取六標準差管理後，開發出了一種新的醫療檢測技術，將以往需

要 3 分鐘做完一次的全身檢查縮減到只需 1 分鐘。如此，病人大幅縮短了檢查時間，醫院提高了設備利用率、降低了檢查成本，奇異公司也由此獲得更大效益，實現了多方共贏。

◆ 能夠改進服務水準

除了改善產品品質，六標準差管理也可以應用到服務流程中，透過對使用者特質、需求等的資訊採集分析，優化服務流程，提高企業對顧客的服務水準。

比如，奇異照明部門的一個六標準差管理小組就成功改進了與部門最大客戶沃爾瑪（Walmart Inc）的支付關係，將票據錯誤和雙方爭執的情況減少了 98%，從而既便捷了支付行為，又大大增強了與顧客互利互惠的合作關係。

◆ 能夠形成積極向上的企業文化

傳統管理方式是一種靜態、被動、消極的管理，是出現問題之後的「亡羊補牢」，管理者並沒有明確的目標和方向，處於一種被動狀態。與此不同，在六標準差管理方法是一種積極、主動、預防性的管理，每個成員都能找到自己的位置和方向，明白應該做什麼和怎麼做，整個團隊處於一種積極向上的文化氛圍之中。

員工形成品質和顧客意識，會努力將產品品質和顧客服務做到最好；透過參加相關培訓，成員能夠掌握標準化、規範化的問題解決方法，從而大幅提高工作效率；同時，在有效管理支持下，員工不用奔波於當出現問題後的救火隊，而是可以專注於自己的工作。

六標準差管理對內可以優化企業組織結構、降低成本、提高績效，對外可以提升企業形象和市場競爭力，已成為很多企業青睞的管理方法。不過，也不是所有企業都適合採用六標準差管理法，其功能發揮和價值實現需要一定的條件，否則很可能出現反效果。因此，企業要根據自身實際情況和策略需要，在適宜的時機導入六標準差管理。

基本流程

流程即對某一內容的具體實施過程和階段，影響著最終目標的達成。因此，企業在學習和應用六標準差管理方法時，要努力避免出現流程錯誤。具體來看，六標準差管理的基本實施流程包括：

◆ 辨別核心流程和關鍵顧客

企業規模擴大以後，顧客更加細分多樣，由此對產品和服務的需求標準也呈現多元化趨勢，進而導致管理者和員工對實際工作流程的了解越來越模糊。因此，實施六標準差管理的第一步是對現有工作流程進行明確認知和精準定位。

1）辨別核心流程

核心流程是為顧客創造價值的主要部門和業務環節，直接影響著顧客的滿意度，如吸引顧客、訂貨管理、裝貨、顧客服務與支持、新產品或新服務的開發、開票收款等流程。與之對應的則是對核心流程提供支持從而與提高顧客滿意度之間形成一種間接關係的輔助流程，如融資、預算、人力資源管理、資訊系統等流程。

2）界定業務流程的關鍵輸出結果和顧客對象

這一步的重點是幫助企業找到輸出的核心內容和對象。一方面要盡量避免在流程輸出欄中放入太多的專案和工作成果，而要突出主要內容和工作重點，讓人們能夠一眼看到業務流程的關鍵輸出結果；另一方面則要精準定位流程的關鍵顧客。

需要注意的是，業務流程的關鍵顧客不一定是企業的外部客戶，也可能是該業務流程的下一個流程，如產品開發流程的關鍵顧客是緊隨其後的生產流程。

3）繪製核心流程圖

確定核心流程後，將該流程的主要業務活動以流程圖的形式呈現出來，以便流程參與者更直觀地了解到核心流程的工作內容和輸出目標。

◆ 定義顧客需求

1）收集顧客資料，制定顧客回饋策略

六標準差管理是以數據和事實為基礎的，其成功實施的前提是對顧客需求有著精準定位和掌握。即便是像人力資源這類對核心流程提供支持的輔助流程部門，也必須及時準確地獲取企業內部顧客——員工的需求。

具體來看，可以從以下幾點開始，建構高效的顧客回饋系統：

- 深刻理解顧客回饋系統不是一個階段性的活動，而是一個持續性的過程，要將其作為長期的中心工作優先處理。
- 盡可能聽取更多顧客的不同回饋訊息，而不應以偏概全，將幾個印象較深的特殊案例視為顧客的全部聲音。
- 除了市場調查、客戶訪談、客訴系統等常用的顧客訊息採集方法之外，還要積極採用顧客評分卡、資料庫分析等新的顧客回饋訊息收集方式，以更全面、深刻地了解顧客需求。
- 敏銳感知並及時掌握顧客的需求變化和發展趨勢。
- 收集到顧客訊息後，要進行深度整合、分析和挖掘，以精準定位顧客特質和需求痛點，為高層管理者的決策行為提供更為科學合理的依據。

2）制定績效指標及需求說明

顧客需求主要是對產品、服務或兩者兼有的需求。因此，在確認顧客需求後，企業還要根據需求內容的差異制定相應的績效指標，並在需求說明中予以簡潔、直觀、全面的描述，以便相關業務部門和成員可以依此更好地滿足顧客需求。

以包裝食品訂貨流程為例，顧客的產品需求包括準時出貨、採用規定的運輸工具、確保產品完整等；服務需求則主要是交易介面友好的訂貨流程、貨品裝運完成後通知顧客、收貨後對顧客滿意度的回饋檢視等。

3）分析顧客各種不同的需求並對其進行排序

不僅顧客之間存在著需求差異，即便同一個顧客的需求也不是單一的，而是分為不同的優先等級，需要企業加以分析並進行排序，以便制定最佳的需求滿足方案。

比如，基本需求是需要先完全滿足的，否則顧客不會產生滿意感；變動需求較為靈活，企業在這方面做得越好，就越容易獲得顧客更高的評價；潛在需求則是顧客沒有表達出來或沒有意識到的需求，如果產品或服務能夠滿足潛在需求，則會給顧客帶來超出預期的意外驚喜，大大增加顧客對企業的好感與認同。

◆ 針對顧客需求評估當前行為績效

實力雄厚的公司可以對所有的核心流程進績效評估，資源不足的公司則可以從一個或幾個核心流程入手切入績效評估活動。其評估步驟為：

1. 制定或選擇評估指標，選擇標準包括兩個：一是評估指標的資訊是可以獲得的，即要具有可操作性和可行性；二是評估指標要有價值和意義，能夠反映顧客關心的內容。
2. 對評估指標進行定義，明定指標內容和意義，避免成員理解上的偏差。
3. 確定如何獲取與評估指標相關的資料。
4. 進行資料採集，對於以抽樣調查為基準的績效評估，要制定樣本抽取方案。
5. 進行績效評估，並對評估結果進行檢視，以確認評估指標是否有價值。
6. 基於評估回饋結果，對不良率、不良品成本等進行數量與原因分析，以找到可能的改進機會。

◆ 辨別優先次序，實施流程改進

基於流程績效評估發現問題和改進機會後，接下來企業還要對需要優化的各流程進行優先順序的排序，首先對具有高潛力改進機會的業務流程進行優化。相反，如果企業不去辨別優先次序，多處同時著手，就容易因資源和精力分散導致無法達到理想的改進效果。

具體來看，企業可以透過 DMAIC 模式的五步循環改進法，確保六標準差管理變革取得最大效果。

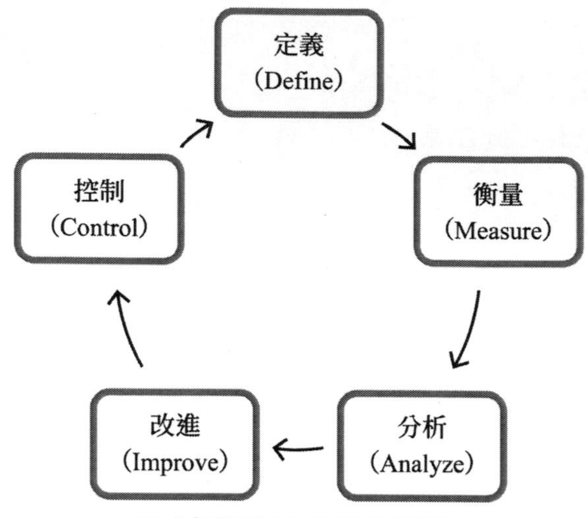

圖 六標準差 DMAIC 改進流程

1. 定義（Define）：這一步主要是確認需要改進的問題和流程以及要達到的目標。比如，應該重點關注哪些問題和改進的機會，流程優化要達到怎樣的結果、何時達到，該流程主要服務和影響哪些顧客等。
2. 衡量（Measure）：藉助關鍵數據資料和分析縮小問題範圍，找出問題的核心焦點及關鍵原因。相關人員需要進行基礎機率與統計學的訓練，並學習統計分析軟體和計量分析知識。為了減輕員工負擔，這一過程常常是具有六標準差實踐經驗的人員帶領新手一同接受訓練，以幫助新手更順利地吸收學習內容；對於複雜的演算問題，則主要藉助自動計算工具進行。
3. 分析（Analyze）：藉助邏輯分析法、觀察法、訪談法等多種方法，對評估中找出的問題原因進一步總結整合，確認這些導致問題的原因之間是否具有因果連繫。

4. 改進（Improve）：首先根據問題制定幾個可能的改進方案，然後透過廣泛徵詢意見、反覆討論並結合實際狀況，選擇出最佳的流程改進方案進行實施。透過六標準差管理法對業務流程進行優化，可以直接對現有的流程進行小範圍改進；如果原有流程問題較多或難以進行小範圍變動，也可以對整個業務流程進行變革重塑，推出更合理高效的業務流程。
5. 控制（Control）：即對流程改進過程進行即時追蹤，及時解決影響改進過程的各種阻礙因素，確保流程改進按照預定的方案有序進行，不會偏離方向或出現較大失誤。

◆ 擴大整合六標準差管理系統

企業透過六標準差管理進行流程改進並成功實現了減少缺陷的目標後，接下來就要考慮如何繼續鞏固和擴大這一改進成果。

1）提供連續的評估以繼續改進

在企業內部進行廣泛宣傳推廣，加深管理層和員工對改進方案的認知，增強認同、減少阻礙因素；將改進方案以簡單易懂的語言落實到文字說明上，使執行人員可以據此而行；進行連續評估，增強管理層和員工對改進方案的信心；在改進方案實施過程中，預判可能出現的問題並提前制定應對策略，為方案的進一步改進做好準備。

2）定義流程負責人及其相應的管理責任

六標準差是一種無邊界的管理方法，需要突破原有部門壁壘和職能邊界的束縛。因此，為了確保業務流程的暢通、高效、協同，企業採取六標準差管理時必須明確給予流程責任人及其職責權限，主要包括維持

流程紀錄、評估和監控流程績效、確認流程可能存在的問題、啟動和支持新的流程優化方案等。

3）實施循環管理向六標準差績效水準推進

六標準差管理不是一次性、階段性的內容，而是反覆使用五步循環改進法不斷減少缺陷、提高品質管理水準並最終形成一個良性運作的循環系統。同時，六標準差管理也是一個從核心到邊緣、由點到面逐步拓展改進範圍和成果的過程。

成功實施的因素

六標準差管理是以數據和事實為基礎，透過數據採集和統計分析準確找到業務流程中的缺陷和問題根源，進而透過持續的流程改進不斷減少缺陷、提升品質管理水準，最終使產品或服務達到「完美」狀態的一種更加科學高效的管理理念、流程和方法，能夠幫助企業降低成本、擴大市場量、獲取更多利潤，已成為當前廣受關注的一種管理理念和方法。

很多企業雖然認識到了六標準差管理在提升企業品質管理水準和市場競爭力方面的巨大價值，但對於如何將理論應用於實踐、在企業內部有效實施六標準差管理變革卻不會太清楚甚至感茫然無措。

總體來看，六標準差管理成功實施的影響因素包括：

◆ 領導作用

任何管理理念和方法要想在企業內部成功實施，都離不開高層領導的大力支持乃至親身參與。六標準差管理的實施同樣如此，需要最高管理者的積極倡導和大力支持，需要企業高層管理者親身參與其中。

長遠來看，六標準差管理涉及到的是全體成員理念的轉變提升和企業整體流程的突破改進，這對任何企業而言都是一個巨大的挑戰。因此，高層領導者雖不直接參與具體的改進專案，但卻需要透過策略決策和公開承諾的方式增強員工信心，使成員能夠朝著預期的方向堅定前行。

◆ 培訓工作

1）倡導者培訓

即對企業中負責六標準差管理法實施的人員進行 7 天左右的培訓，培訓內容主要是六標準差管理的策略方針、管理基礎架構以及如何推行六標準差管理變革等。

2）黑帶培訓

黑帶是六標準差管理變革的中堅力量，是改進專案的負責人，因此每個參加培訓的黑帶都要帶著自己負責的改進專案一邊學習一邊開展專案。通常是學習一週後，先回到職位將所學內容運用到改進專案中；一個月後再次學習一週並繼續將新學的內容應用於專案，如此反覆直到完成專案。

整個黑帶的培訓課程通常要學習 4 次，培訓時間約為 5 個月左右；除了專業性的統計學和數學計算知識，課程內容還包括如何帶領團隊、開展專案以及變革企業文化等內容。

3）綠帶培訓

學習課程與黑帶培訓的內容類似，只不過要求更低、內容也更加簡單，培訓時間一般為 10 天左右。

4）全員培訓

培訓對象是企業的全體成員，主要是在整體上對六標準差管理進行基本介紹，以便在正式實施之前，讓員工在整體上對六標準差管理有一個初步認知，時間一般持續 1 到 2 天。

◈ 確定六標準差專案

即倡導者基於企業實際情況和顧客要求，制定具體的策略改進目標，並將改進目標具體化為可以測量的六標準差管理專案。

總體來看，由策略改進目標細分而來的六標準差管理專案通常要滿足幾個條件：能提高顧客滿意度；符合企業發展目標；目標具有挑戰性，能夠實現業務方面的突破改進；解決的問題是清晰可測量的；有合理明確的範圍；有助於大幅提升企業經濟效益；得到了企業高層管理者的大力支持。

◈ 應用 DMAIC 方法

DMAIC 即六標準差管理中實施改進專案的五步循環改進法，包括定義、衡量、分析、改進、控制五個步驟。

定義指透過收集顧客、一線銷售人員和生產人員回饋的問題或想法，找到業務流程中的「缺陷」所在，找出需要解決的問題。這一環節中，改進專案團隊對問題的掌握越精確，建立的目標也會越清晰，成功解決問題的機會就越大，進而使企業獲得越高的回報。

衡量主要是對影響問題的所有環節和要素進行確認，並測量所認定的失誤率，以便確定關鍵環節造成的失誤程度，以及在不同情況下出現的失誤次數等內容。

分析則是利用統計工具進行數據分析，以找到出現失誤的原因，並確定主要變數。

改進是確定造成失誤的主要變數後，進一步測量出主要變數對問題的影響程度及變數可以接受的最大變動範圍，然後在此範圍內對該變數進行調整優化。

控制則是利用統計控制工具或調查表等方法，對改進專案進行追蹤，及時解決影響改進過程的各種阻礙因素，以確保調整後的變數在可接受的範圍內，不會偏離改進方向。

專案選擇與操作

六標準差管理以數據和事實為基礎，透過有計畫地實施改進專案為企業創造價值，並在改進專案運作實踐過程中對成員的思維觀念、行為模式以及企業整體的文化氛圍帶來改變。因此，六標準差專案的開展既能提高企業的經濟效益，也對變革企業文化甚至優化企業 DNA 有著重要價值。

不過，這些價值發揮的前提是企業能夠選擇到適合自身的六標準差專案。特別是在導入六標準差管理方法的初期，專案能否成功進行關係著這一新的管理模式在後續推行中所面臨的阻力程度。因此，選擇出合適的精實六標準差專案就成為企業匯入六標準差管理法的關鍵一步。

◆ 專案選擇的基本原則

現代品質控制的領軍人物約瑟夫 · 朱蘭（Joseph M. Juran）指出，「專案就是按照預定時間解決問題」。因此，可以將六標準差專案定義為：在專案經理領導下，職責和分工明確的跨部門、跨流程團隊學習並運用六標準差管理理念、方法和工具，在預定時間內精準定位問題的原因，制定最佳解決方案並實現預期改進目標的專案課題。

六標準差專案選擇要遵循兩個基本原則：必要性和可行性。

圖 六標準差專案選擇的基本原則

1）必要性原則

- 支持顧客滿意度的改善：改進專案的終端來源是顧客，是為了更好地滿足顧客需求以實現企業效益的提升。因此選擇的專案必須能夠提高顧客滿意度，這裡的顧客不僅指外部客戶，也指企業內部專案改進流程的下一個流程。
- 支持企業策略目標的實現：即所選專案主題要符合企業策略目標，有助於企業完成經營指標，推動企業未來更好發展。
- 專案目標有挑戰性：所選專案設定的目標要具有一定的挑戰性。目標過低，則很容易就能實現，無法實現業務方面的突破性改進；目標過高，則可能無法完成，打擊專案成員的積極性。
- 強調過程的改進：專案成功實施後不僅能獲得預期的成果，還要能夠優化改善業務流程，並可以將成果不斷拓展推廣。
- 為企業帶來較大的經濟效益：即專案不僅能為企業帶來財務方面的「硬」收益，甚至還能夠透過流程改進帶來更具想像力的「軟」收益（潛在效益）。

2）可行性原則

- 所解決的專案主題必須清晰、可測量：六標準差專案所解決的問題不只包括產品品質方面，還包括縮短生產或服務週期、改善交付關係、縮短服務回應時間、降低成本、提升效率、改善銷售等諸多內容。不過，不論專案要解決哪種問題，都必須對其進行清晰明確的定義，找到核心和關鍵節點，進而確定改進過程的衡量指標，並確保這些衡量指標的相關數據可獲取、可測量。
- 所解決的專案主題範圍清晰、可控：六標準差專案要確定一個需要解決的核心問題，而不是同時多處著手，以免資源精力分散而影響改進效果。同時，專案主題的範圍和涉及流程也要清晰可控，一般能在四到六個月的時間內完成。如果專案需要解決的問題涉及到多個方面，則在具體操作時可以考慮將該專案適當分解為若干個專案，分別完成後再將這些小專案整合起來。
- 專案得到管理層的支持和批准：六標準差管理專案是對企業固有格局的變革，因此離不開企業領導者的認可和支持，甚至需要管理層的親身參與，以便幫助專案順利獲取資源，並在專案實施過程中協調溝通、化解阻礙因素。

◆ 專案選擇的環節

專案選擇包括範圍、方法和評價三個方面。範圍即專案選擇的層面、導入專案的目的以及專案的切入點等，一般包括兩種情況：一是從產品製造或業務運作流程角度切入進行專案選擇，大中型企業多採用這一模式；二是在企業內部全面開展改進專案，多為小型企業選用。

具體來看，從生產製造或業務運作流程著手，可以基於客戶回饋紀錄以及企業內部經營中的品質、成本、交付等方面的痛點，有針對性地選擇專案主題。若是在企業內部全面展開，則可以綜合考慮現有的經營規劃、目標指標、客戶回饋的問題、內部經營瓶頸、現場制約瓶頸等問題，全方位著手進行選項。

◆ 專案的實施階段

1）確定階段

即設立改進專案所要達到的目標，以減少缺陷、讓自身的產品或服務不斷趨於完美。

2）準備階段

成立專門的專案推行與實施機構，在決策層的高度關注與支持下，從高層、中層以及一線員工中選取優秀人員組成專案團隊，高層管理者親自負責，在資金、人員、技術等方面予以最大程度地支持，並擬定六標準差專案實施的最佳方案。

3）啟動實施階段

找出產品或服務中的缺陷，對關鍵問題與核心環節進行評估，透過收集與分析數據，將現實狀況與預期目標之間的差距具體化、數位化、操作化，提出並實施有效的改進方法。

4）擴大應用階段

對專案實施過程進行追蹤，確保改進專案取得最大成果，並透過循環反覆不斷推廣擴大這一成果，推動產品和服務在更高層次上日益完善。

5）整合階段

將專案目標、關鍵業務流程、員工參與和檢視監督結合起來，透過合理有效的獎勵使參與六標準差管理專案的所有人員都能獲得豐厚的回報，從而形成正向引導激勵，為以後六標準差管理的開展奠定基礎。

◆ 專案實施需要的時間

單個專案通常需要 4 到 6 個月的時間；如果是像摩托羅拉那樣整個企業全方位地貫徹應用六標準差管理理念和方法，則大概需要 5 到 10 年的持續累積沉澱。不過，針對六標準差管理方面的培訓和教育，以及高層領導的全力支持與承諾，都可以加快六標準差管理法的執行，並減少不必要的失誤。

◆ 專案實施的評估

1. 第一階段：數據統計階段，將企業對客戶的錯誤率控制在六標準差內。
2. 第二階段：專案階段，進行流程改進或建構新流程，使產品和服務更加完善。
3. 第三階段：將六標準差管理法應用於公司收益率管理中，促進整個事業部管理水準的提升並不斷取得成功。
4. 第四階段：將六標準差原則融入到整個公司運作中，並逐漸改變、優化甚至重塑公司文化。
5. 第五階段：利用六標準差管理法打通客戶、公司和供應商之間，培訓與專案實施完美銜接，改善公司內部各部門、公司與供應商以及公司與顧客之間的合作關係，從而為公司創造更大商機。

在研發中的應用

六標準差是以數據和事實為依據，採用科學、客觀、高效的管理理念、程式和方法，有助於企業大幅提升品質管理水準，獲取更大的經濟效益。同時，六標準差管理法並不侷限於生產製造管理，也可以廣泛應用於金融等產業領域的管理之中。

◆ 定義階段

這一環節主要是對六標準差專案的實施進行機會分析，包括以下幾點：

1. 專案開展的現狀：即透過對專案背景的介紹，分析專案的急迫性和重要性程度，以評判是否有必要立即開展此專案。
2. 專案機會和收益分析：透過分析專案的優勢、劣勢、實施機會和阻礙因素等內容，評估專案能否以及在多大程度上贏得顧客滿意，為企業帶來收益。
3. 確定專案的目標、範圍：基於機會分析結果選擇最可能實現的目標作為專案目標，並結合現有的資源與細分市場確定專案範圍，以此作為專案開展的起點。
4. 建立專案團隊和專案計畫：根據專案目標和範圍建立專案團隊並制定詳細可行的專案開展計畫，同時對團隊中的每個成員進行明確的任務劃分並規定完成工作的時間，充分確保專案開始實施後的每一方面、每一階段都有人負責並有一定的技術與資源支持，從而推動專案的順利執行。

5. 分析專案風險和風險控制措施：結合現有資源、技術能力及其他可能的影響因素，預判阻礙專案達成目標的因素和可能出現的風險，並有針對性地採取風險控制措施。

◆ 測量階段

這一階段的主要目的是確定需求內容，即圍繞專案目標的各方面收集訊息，包括客戶要求、業務要求、技術要求、法律法規要求、標竿分析等。如果收集到的需求內容過多，則專案團隊要對不同需求進行優先順序排序，選取重要等級較高的需求作為分析階段方案制定的基準。

◆ 分析階段

這一階段主要是將測量到的需求轉化為具體的、可操作的總體設計方案，大致包括三個方面：

1）需求到技術的轉化

即藉助 QFD（Quality function Deployment，品質功能展開）多層次演繹分析方法，將上一階段測量到的需求轉化為設計要求、零部件特性、工藝要求、生產要求等功能效能指標，並確定各指標的優先順序排序和目標值。

2）確定總體設計方案

是對功能效能指標進行量化的過程。主要是結合產品的特點，基於不同功能模組找到功能效能的影響因子。當按照不同的分析方案獲得功能效能指標的不同影響因子時，則需要結合產品價值、需求訊息等內容對方案進行篩選，以確定功能效能指標和影響因子的最佳傳遞公式，進而制定出最適宜的產品總體設計方案。

此外，這一過程中團隊要結合專案實現的風險因素不斷評估各種方案的可行性，直至最終確定出最佳方案。

3）建議方案的調整

確定總體方案後，評估專案的技術參數，並根據需要對技術參數值進行調整；同時，基於最新的總體方案，對原有的專案計畫進行調整優化，去除多餘環節、評估所需資源並制定出詳盡的行動計畫。

◆ 設計階段

這一階段的主要目的是完成總體方案的目標，可概括為三個設計層次：

一是系統設計，即呈現總體方案的架構；

二是穩健性參數設計，即存在不可控的影響因子的情況下，為了順利達到功能效能指標的目標值，藉助穩健性設計理念確定實現目標值的可控的影響因子的取值；

三是誤差值設計，即透過優化或重新設計不同零部件之間的配合銜接，盡可能減少產品在製造、裝配、運輸和使用過程中品質隱憂。

◆ 驗證階段

這一環節主要是為了了解改進優化後的成果是否滿足了專案的要求、實現了預期目標。驗證內容包括功能的驗證、效能指標的驗證、製造的驗證、產品品質的驗證、可靠性驗證、交付的驗證等諸多方面。如果產品的使用過程涉及到健康、環保和安全要求，則還需要進行使用過程的驗證。

在市場競爭日益激烈、使用者品質需求不斷提高的背景下，傳統的品質控制理念和方法已無法有效適應新商業時代的變化，迫切需要品質控制方面的變革。六標準差管理作為一種基於數據和事實的科學先進的管理理念和方法，是現代品質控制進步的重要象徵，能夠有效提升企業的品質控制水準和能力，滿足顧客的品質訴求，為企業創造更多經濟效益，增強企業的市場競爭力和持續發展能力，因此已被越來越多的企業關注、認可和應用。

第 8 章

精實生產管理：建立精細化生產體系的實踐之路

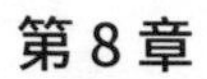

起源、涵義與發展

◆ 精實思維的起源與發展

1950 年代，日本豐田汽車公司創造了一種獨有的汽車生產模式，該模式為眾企業所效仿，經過 40 餘年的發展，到 1990 年代中期，演變成了一種全新的管理觀念 —— 精實思維（Lean Thinking）。1990 年，在詹姆斯．沃麥克（James Womack）、丹尼爾．瓊斯（Daniel Jones）等人所著的《改造世界的機器》（*The Machine That Changed the World*）一書中，精實思維首次以系統的解釋、詳細的介紹呈現在世人面前，之後被廣泛用於各產業。

精實思維被導入製造業形成了精實生產（Lean Manufacturing）理論。在該理論的支持下，製造業的生產成本大幅下降，產品研發週期及製造週期有效縮短，企業競爭力顯著增強。受精實生產所帶來的諸多益處的吸引，精實思維不僅被導入了汽車製造業，還被導入了機械製造業、電子製造業、航空、造船業等各種產業，緊隨「大量生產方式」成為了人類現代生產方式史上第三個里程碑。

1990 年代後期，精實思維從製造業延伸出來，成為了一種具有普遍性的管理哲學，被廣泛用於各行各業，比如建築設計、建築施工、服務業、運輸業、醫療保健產業、通訊及郵政管理產業、軟體開發與程式設計產業等等。

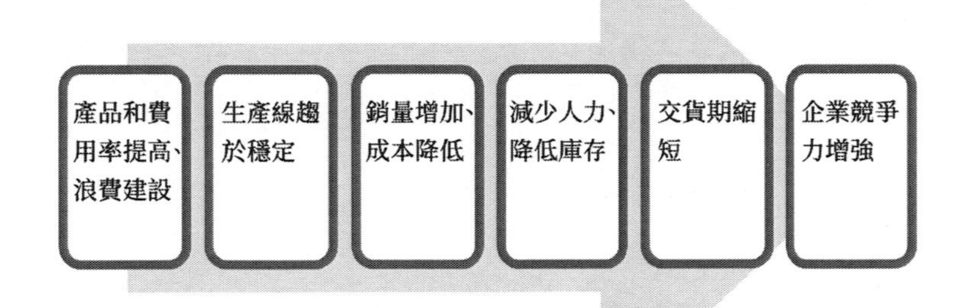

自進入 21 世紀以來，精實思維被導入軍事後勤管理及補給、政府管理等領域，受到了高度關注。自此，精實思維在應用方面取得了巨大進展，顛覆了傳統的大規模處理觀念和層級管理觀念，使各種社會活動效率得以大幅提升，資源損耗大幅下降，人們的生產效率及品質得以顯著改善，以其為指引發了新一輪管理革命。

精實思維的發展與傳播是同步進行的，發展階段不同，關於精實思維的術語與認識也不同。如何推廣使用精實思維，關鍵在於如何理解精實思維。

在製造業領域，人們通常將「精實」解釋為及時生產（JIT）。在國外，人們對精實的解釋就是消除一切浪費。同時，也有人使用「同步製造」、「流動製造」等術語對精實進行解釋。

1994 年，詹姆斯·沃麥克在《精實革命》（*Lean Thinking: Banish Waste and Create Wealth in Your Corporation*）一書中寫道：《改造世界的機器》一書中論述的是產品開發、產品銷售、產品生產的總過程，而非普遍的原則。在缺乏理論指導的情況下對精實生產所作出的一切評價都是非理性的。現階段，精實生產尚處於不成熟期，有實踐、有成就，卻缺乏理論基礎。在沃麥克看來，精實思維的目標就是：用完美的過程為使用者創造完美的價值。

到目前為止，關於精實思維的所有言論都有一定的道理，都在試圖用精實的語言對其進行解釋。但是，對於想要藉助精實思維實現轉型發展的企業來說，這種解釋顯然過於單薄無力。

在關於精實思維的各種解釋中，最全面、最理性的理解莫過於「精實思維是人、過程與技術的整合」這一說法。下面就對這一說法進行詳解。

◆ 精實思維與「豐田生產方式」

1950 年代，戰後的日本想要發展汽車工業，並為此前往美國底特律學習，結果發現，美國式的「大量生產方式」與日本國情不符，其原因主要有三點：

- ▶ 第一，使用「大量生產方式」就必須購買大量的裝置，引進先進技術，但是戰後的日本缺乏資金，無法滿足這個條件；
- ▶ 第二，「大量生產方法」需要消耗大量的人力資源，日本缺乏廉價勞動力，無力承擔高昂的人力成本；
- ▶ 第三，缺乏合適的市場。

基於此，日本的汽車企業決定自尋出路，創造了聞名於世的「豐田生產方式」，其具體做法主要有以下八點：

1. 技術管理：在技術方面，豐田一改傳統的利用大型自動化裝置進行連續生產的模式，在少量通用裝置上安裝了快裝模具進行輪番小批次生產。

2. 5S 應用：及時清理，保持工作場地的整潔；組織有秩序的生產；節約輔助時間。
3. 團隊精神：在汽車生產現場組織作業團隊，作業團隊掌握作業決策權，能有效應對作業現場突發的各種問題。
4. 過程管理：豐田強調公司部門合作，在作業的過程中，各部門要相互合作、配合，貫通過程。
5. 目標管理：豐田採用及時生產制度，以使用者需求驅動生產，以每日進度為標準對零件在合作廠之間的傳遞有效安排。
6. 供應鏈管理：豐田加強與合作企業的合作，在企業之間建立新型合作關係，加強企業之間的溝通與交流。
7. 品控管理：豐田將產品設計與產品製造連繫在一起，讓產品設計為產品製造服務。
8. 客戶管理：豐田建構新型的客戶關係，以訂單為導向生產，將產品銷售納入產品生產系統。

實踐證明，「豐田生產方式」大獲成功。相較於美國式的「大量生產方式」來說，「豐田生產方式」能獲取的優勢更多，不僅降低了汽車生產成本，還增加了產品種類。1973 年，世界石油危機爆發，採用「豐田生產方式」的日本公司在美國汽車公司之前推出了新能源車，占據市場優勢。1989 年，在世界汽車總產量中，日本汽車所占市場銷售量將近 30%。

在「豐田生產方式」的支持下，日本汽車出口規模穩定增長，甚至超越了採用「大量生產方式」的美國，在世界汽車市場上占據領先地位。西方國家為了打壓日本設定了貿易壁壘。面對這種情況，日本直接在北美和西歐等國家投資建立工廠，進一步擴大了其在世界市場的佔有率，也將「豐田生產方式」推向了世界。

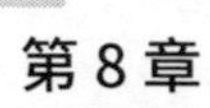

「豐田生產方式」大獲成功後，美國福特、克萊斯勒、通用等大公司紛紛開始向日本學習。以福特公司為例，在美國幾大汽車公司中，福特公司最先感受到了「豐田生產方式」所帶來的威脅，其弗里蒙特汽車廠率先學習並複製了豐田生產方式。該工廠的管理人員全部來自豐田，生產的產品是豐田公司設計的小轎車。福特公司對豐田生產方式的學習取得了很好的成果。由此，世界各國學習豐田生產方式的序幕正式拉開。

透過上述精實思維的發展歷程可知，精實思維是人、過程和技術的整合。在這三個因素中，技術是一切生產方式的開始，豐田生產方式和精實生產都是如此，過程是豐田生產方式的基礎，人是關鍵性的決定因素。相較於大量生產來說，精實思維所引發的最大的變革就是組織結構及分工原則的變革，這兩大變革使員工從嚴格的分工制度及等級制度中解脫出來，極大地刺激了其工作的積極性和主動性。

根據精實生產思想的五項原則

根據豐田生產方式，可以總結歸納出關於精實生產思想的五項基本原則，為企業採取精實思維改進生產方式提供有效的指導。

◆ 確認價值

確認價值，就是以客戶需求為導向進行產品設計、產品生產、產品交付的過程，盡最大努力滿足客戶需求。在此過程中，企業要減少生產過程中的多餘消耗，嚴禁將額外開支轉嫁給使用者。

在精實思維的引導下，企業與客戶打破了過去的對立局面，實現了利益的統一。以正確的價值觀對企業的產品設計、產品製造、服務專案進行檢視，就會發現其中存在諸多非增值消耗，消除這些非增值消耗，既能使企業收益，也能給客戶帶來好處。

與之相反，企業傳統的價值觀都是以自我為中心形成的，產品設計、產品生產、給客戶提供的服務專案全部是根據企業自己的喜好設計的，其中設定了很多對客戶來說無用的功能，這些功能能為企業帶來一定的利益，同時也產生了大量的損耗。最終，企業會將這些損耗納入成本，轉嫁給使用者。在這種模式下，企業獲取的利益有限，客戶也損失了利益。

◆ 掌握價值流

價值流指的是原材料轉化為成品並被賦予價值的全過程。此過程包含了四大子過程，分別是技術過程（概念 —— 設計 —— 工程 —— 生產）、訊息過程（訂單處理——計畫——送貨）、物質轉換過程（原料——產品）、在產品生命週期基礎上形成的支持與服務過程。

掌握價值流指的是在價值流中找到增值活動與非增值活動，其中非增值活動指的是在業務開展的過程中消耗了資源卻沒有產生任何價值的活動，又稱為浪費。辨別價值流的目的就在於找到這些浪費，將其消滅殆盡。

掌握價值流可以採取「價值流分析法」來完成，首先，以產品為單位繪製價值流圖；其次，從客戶視角出發對每個活動開展的必要性進行分析。對於精實思維來說，價值流分析是非常重要的一個工具。

一般情況下，價值流會突破企業範圍，從供應商一直延伸到客戶。從使用者視角出發對價值流進行全面考察，對其過程進行探尋，對部門交接過程進行分析，會發現更多浪費。

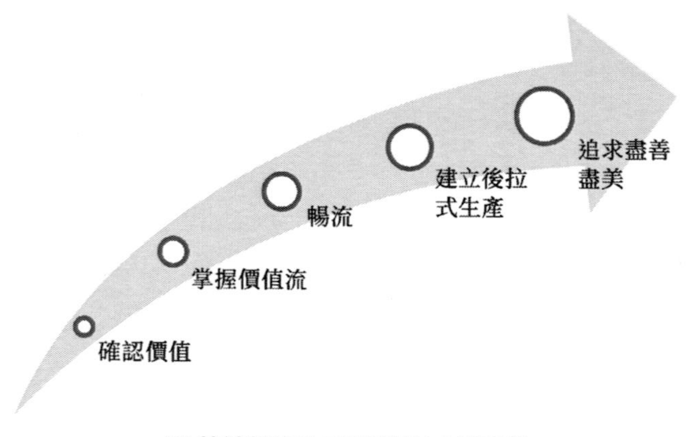

圖 基於精實生產思想的五項原則

◆ 暢流

對於精實思維來說，如果將正確的價值作為基本觀點，將掌握價值流作為入門，那麼流動和拉動就是實現價值的中堅力量。在精實思維的指導下，各種能創造價值的活動都要持續地流動起來。

「價值流」的本義就是「動」，但受部門分工、大量生產等傳統觀念及做法的影響，價值流難以真正地流動起來，多處於停滯狀態。

根據精實思維，停滯就是浪費。在流動思想的指導下，企業必須摒棄部門分工、大量生產等思想，採用持續改進、及時生產方式等方法創造價值流，讓價值真正地流動起來。當然，在此之前，企業還要為價值流的流動創造三個必備的環境條件，分別是：

1. 很多情況下，價值流中斷、迴流都是由於重工、廢品、生產失誤等原因引起的。要想推動價值流實現持續的流動，就必須確保每個產品及過程都不會出現失誤。
2. 為了推動價值流實現持續流動，要確保其裝置及環境的完好性。
3. 為了防止價值流中斷，要確保人力及裝置能力處於正常狀態。

◆ 建立後拉式生產

後拉式生產就是以客戶需求為目標進行投入和產出，在使用者需要的時候為其提供能夠滿足其需求的產品。實行拉動之後，使用者就能自由地選擇產品，而不是被動地接受企業的強行推送，使用者需求能得到極大的滿足。

在後拉原則的指導下，企業生產和使用者需求直接接洽，生產過程中過多、過早的投入被有效削減，庫存及正在生產的產品有效減少，提前期被縮短。對於企業來說更重要的是，在後拉原則的指導下，企業能隨時隨地根據使用者需求進行產品設計、產品生產，製造出符合使用者需求的產品，甚至於最後能實現客製化生產（直接依使用者需求生產）。

要使後拉原則落實，最好的方法就是採用單元布置的方法實行單元生產及 JIT 生產模式，改造原有的製造流程。在暢流和後拉兩原則的共同作用下，產品開發時間、訂貨週期、生產週期將有效縮短，縮短幅度分別為 50%、75%、90%，對於改造傳統流程來說意義非凡。

◆ 追求盡善盡美

在上述四個原則的共同作用下，傳統流程能得以有效改造，其結果表現為價值流動速度加快。在這種情況下，企業就必須使用價值流分析法將流程中隱匿的浪費挖掘出來，進行優化、改進，在這種良性循環的作用下，價值流能趨於盡善盡美。

1996 年前後，精實思維衝破了製造業，被廣泛用於各行各業，出現了一系列諸如精實建築、精實服務、精實醫療保健、軍事精實後勤及補給、精實政府、精實軟體開發等概念，在應用層面，精實思維取得了空前的發展。

七大浪費與消除方法

詹姆斯·沃麥克曾說：如果某個企業不能將產品開發時間縮短50%，將訂單交付時間縮短75%，將生產時間縮短90%，一定是某些環節出現了錯誤。其所指的就是一種精實生產的理念。而這些環節的錯誤一般是指影響精實生產的浪費方法。

在論述精實生產浪費及消除方法之前先了解幾個概念：

精實生產指的是消除企業各項活動中的浪費，以縮短產品生產週期，降低企業庫存，減少企業生產成本，改善產品品質。

精實思維包括五項內容，分別是以客戶需求為依據對價值進行重新定義；掌握價值流，對企業的增值活動進行重新定義；推動價值實現持續流動；以使用者需求帶動價值流；對價值流進行持續改善，使其達到盡善盡美。

精實企業指的是使用精實思維及工具指導產品設計、產品生產、訂貨履約的企業，不僅能有效地提升企業效率，還能根據客戶需求生產，控制成本，實現彈性管理，縮短產品生產週期，打造精實供應鏈，平衡品質、速度和成本三者之間的關係，為所有的參與者創造價值。

◆ 過量生產的浪費

1）產生原因

過量生產浪費的產生原因有：各個生產流程分離，生產時只考慮該流程是否方便，不考慮下一道流程，尤其是不考慮裝配流程的實際需

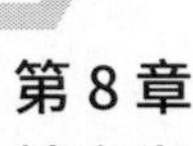

要，使得上下流程間的平衡被打破；多做多得的薪酬分配制度使得生產者經常提前完成或者超額完成；過量採購引發過量生產；提前生產產品，卻因預測失誤、計畫失誤或者訊息傳遞失誤造成過量生產；擔心換模超量生產產品。

2）消除方法

消除方法有兩種：一是形成單件生產；二是形成節拍化生產。

單件生產指的是在原材料投入到產品產出，在整個產品加工製造的過程中，原材料供給始終處於適量（不停滯、不超越、不堆積）狀態，循序漸進地進行生產。一個製程完成之後，立即將其傳輸到下一個製程；各製程之間的零件流通要做到持續、適量；產品生產、運輸及檢驗製程要融為一體；經某個製程加工的產品，只有品質合格之後才能流通到下一個製程。

對於人來說，採取單件生產方法，相關人員的操作技能必須到達一定高度，必須實現多樣化，也就是一個人要具有同時操作多臺裝置的能力。為此，企業必須對員工進行培訓，實行標準化作業，改善生產模式。

對於裝置來說，採用單件生產方式，生產裝置必須按照生產順序進行排列；為了提升市場反應能力，盡量避免使用大型裝置；優化工廠布局，打破傳統的集群式布局，將其轉變為流程式布局，將生產線設定為 U 字形，將進口處布置在一起，對生產線進行集中布置。

對於物來說，採用單件生產方式，半成品或者半成品的數量必須為 0；將相連兩個製程之間的作業時間縮短；料件保持持續流通；工具擺放位置固定；減少搬運。

要想實現節拍化生產，必須讓需求節拍與生產節拍保持平衡。對於產品生產來說，生產節拍的作用是調節生產。相關人員將產品生產週期和產品生產節拍進行對比分析就能發現其中的不協調因素，對其進行改進。比如，透過對比發現生產節拍比生產週期小，說明生產力不足，難以滿足生產需求；反之則說明生產力過剩。發現這些問題對其進行適當調整、改進，能有效防止生產浪費及分段供應中斷等問題的出現，能有效確保製程間標準半成品數量保持平衡。

產品平衡的基本要求有三點：其一，裝配部件生產幾近平衡；其二，各個零部件生產大致平衡；其三，零部件生產過程中相鄰兩個製程接近平衡。如果某個部件生產的平衡率低於 80%，就要對其進行調節、改善。另外，節拍的調整要以員工及裝置的變動為依據，不能本末倒置。

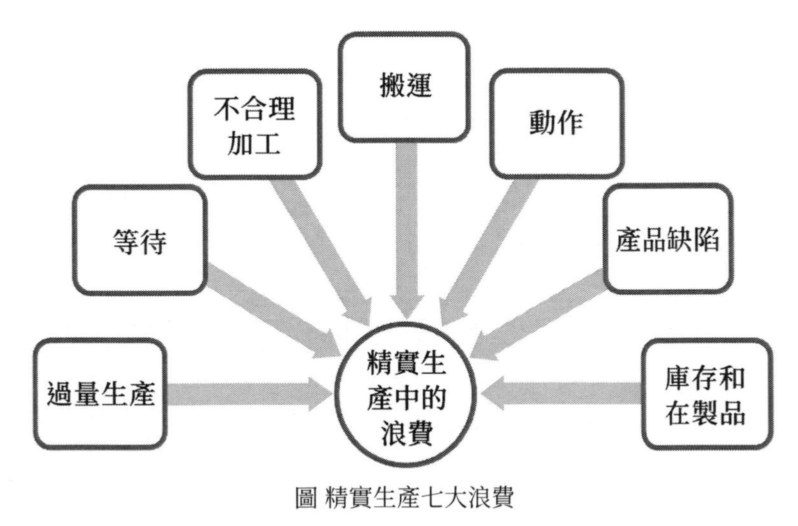

圖 精實生產七大浪費

◆ 等待的浪費

1）產生原因

等待的浪費有五種類型：一是人員的等待所造成的浪費，其根源在於分工過細，工作分配要等待排程員來安排，機器故障要等待維修員來維修，換模要等技師來完成；二是裝置的等待所造成的浪費，其根源在於裝置閒置，不能實現持續運轉；三是物料的等待所造成的浪費，其根源在於物料在倉庫中遲遲得不到使用出現損耗；四是場地的等待所造成的浪費，場地空閒，未能創造價值；五是時間的等待所造成的浪費，其根源是相連兩個製程未能實現有效銜接，脫節形成浪費。

2）消除方法

消除等待浪費的方法有對 VSM（Value Stream Mapping，價值流程圖）進行深入分析，推行混合生產，實現快速換模。

首先，確保計畫排程均衡合理，對作業時間進行觀測，對等待時間進行統計分析，讓同一種裝置承擔不同類型、不同規格產品的生產工作，讓同一條生產線承擔不同規格、不同類型產品的組裝工作，以控制廠房、裝置及半成品的數量，使物盡其用，減少浪費。

其次，採用「六十秒即時換模」法（SMED, Single Minute Exchange of Die）實行快速換模，一般情況下，換模作業的時間要安排在裝置停運之後，將「內部裝換調整作業」調整為「外部裝換調整作業」，以有效控制這兩種作業的時間，縮短換模時間，縮短等待時間，減少浪費。

◆ 不合理加工的浪費

1）產生原因

導致不合理加工產生浪費的原因有很多，比如生產線負荷不足、時常處於空轉狀態；機床運轉行程過高、過長；加工精度超過了設計要求；讓生產效率高的機器生產數量一般的產品；產品包裝過於奢華，超過了產品本身的價值等等。

2）消除方法

要想消除不合理加工產生的浪費，就要做好生產過程及訂貨過程的分析工作。

首先，對依照經驗進行的生產活動進行重新觀察、優化調整。比如，正處於實施過程中的操作是否有必要，如無必要是否可去除；生產程式能否進行調整，以提升效率；不同類型的工具能否實現統一；能否使用專用工具替代通用工具；現存的記錄表格能否簡化，能否使用電子檔案代替紙質文件；現有物品的存放區域、存放位置能否進行調整；現有的作業臺高度能否進行調整，現有的生產線能否縮短、優化等等。

其次，要明確將人與機器的分工，探究人與機器實現和諧共處的方法。總體來說，人與機器有以下兩點不同：其一，人能對某種事物、某個活動進行細微觀察，但精力有限，容易疲勞，而機器精力無限，能連續工作，但只能進行重複性作業；其二，人能對某種活動進行思考，能對生產過程中的不合格處或者異常活動進行及時處理；機器能完成一些人難以完成的工作，但機器容易發生故障。由此可見，人與機器都各有優勢和弱點，要消除不合理加工產生的浪費，關鍵是要找到人與機器協調工作的方法。

第三，對生產率與可運轉率進行有效掌握。其中，生產率指的是實際生產業績與機器負荷滿載運轉情況下的生產能力的比率；可運轉率指的是機器能否按照生產能力生產出能滿足客戶需求的數量的產品。要消除不合理加工產生的浪費，就不能過分追求裝置利用率，要使機器的生產率及可運轉率達到平衡。

◆ 搬運的浪費

1）浪費的表現

在產品費用中，搬運費占比 25% 至 40%；在總作業時間中，搬運及滯留時間占比 80%；在工廠事故中，搬運作業引發的事故占比 85%。

2）消除方法

首先，引進搬運機器，實現搬運的自動化、機械化，減少人工作業，控制人工成本，縮短搬運機器的等待時間，提升搬運效率。

其次，要縮短搬運距離，清除搬運過程中的障礙，減少無效作業及疲勞作業。

最後，搬運過程要做到六準，分別是地點準（直接運送到指定位置）、品項準（只搬運需要的產品）、品質準（搬運的產品能直接使用，不存在品質缺陷）、數量準（不多搬、不少搬）、時間準（不早搬、不晚搬）、方法準（整合包裝、快速確認數量、效率運輸）。

◆ 動作的浪費

1）產生原因

動作的浪費產生原因有以下幾點，分別是：手部空閒、行為姿態不規範、作業行為暫停、動作不標準、轉身幅度大、步行距離過長、動作重複、作業過程中的不明等待等等。

2）消除方法

對人機協調動作進行研究分析，對其進行優化改善，增強其協調性。可採用的方法以下：

在人的方面，操作人員的雙手要一起工作，同起同落；雙手或雙臂動作保持反向對稱；排除合併動作；降低動作難度；減少動作限制，提升動作效率；優化動作路線，預防動作衝突；保持節奏輕鬆，藉助重力、慣性等開展動作；將靈活的手部與充滿力量的腳部結合起來；減少操作人員的腦力判斷。

在施工現場布置及工具擺放方面，要合理放置工具，縮短尋找、取放工具的時間；使工具與人相結合，優化工具的把手設定，方便人取用、控制；在工作臺上，將工具以圓弧形擺放、排列；優化作業現場的布置及作業方法，消除安全隱患；調整施工現場的燈光，確保其亮度及光照角度的合理性；合理設定工作臺及配套桌椅的高度，給操作人員提供一個舒適的作業環境。

◈ 產品缺陷的浪費

1）產生原因

產品缺陷浪費產生的原因有以下幾點，分別是產品報廢產生浪費，產品重做、維修產生人員浪費；材料浪費；對產品進行額外檢查產生浪費，裝置占用產生浪費，產品降級、降價產生浪費。

2）消除方法

產品缺陷浪費的消除方法主要是改善品質，做好預防工作，做好源頭管理工作，消除缺陷產品等等。具體來說，方法以下：

1. 藉助自動化、標準作業、全面生產維護、防呆法等方法，消除每個生產環節中的失誤，建構一個完善的品質保障體系，做好產品生產工作，滿足使用者需求，促使企業的競爭力能得以不斷提升。

2. 對產品生產過程中的關鍵環節進行優化控制，這些環節包括對產品效能、壽命、安全性、精度、可靠性等特性有重要影響的環節；經常出現品質問題、客戶反映強烈的產品問題；工藝要求高、對下一道製程有直接影響的環節；品質特性難以測定的部位或環節等。
3. 編寫品質控制點明細表，將產品合格率輸入其中，對相關人員進行培訓，培訓合格者發放證書。確保裝置的完好性，確保計量檢測裝置符合標準，確保生產環境的良好性，設計作業指導書，對產品品質原因進行統計分析。
4. 設定防呆裝置，防呆裝置的功能是讓正確的操作有序進行，讓不正確的操作難以開展。企業防止錯誤發生的一般做法都是「培訓＋懲罰」，這種做法固然能防止一部分因人為原因產生的錯誤，但對於人為疏忽、遺忘等原因產生的錯誤則無計可施。如果要使作業人員在作業的過程中發現錯誤、在操作失誤之後及時發現錯誤，就必須使用防呆技術。

◆ 生產中庫存和半成品的浪費

1）產生原因

生產中庫存及半成品的浪費有三種類型：其一是材料庫存浪費，其發生原因是為了壓低進價實行大量採購；其二是半成品庫存浪費，其發生原因是在機器發生故障時修理不善，使機器不能正常運轉；其三是成品庫存浪費，其發生原因是預測生產量與實際需求量發生衝突，產生浪費。

2）消除方法

1. 合理採購，保證各製程之間的庫存量符合標準，清除多餘的庫存，規範庫存存放時間，讓產品定置存放；
2. 消除裝置故障，確保裝置能正常運轉；
3. 對各製程之間的庫存基準進行重新檢視，將庫存量控制在合理的範圍內；
4. 按照節拍將零件、原材料配送到各個位子上去，確保配送能實現準時化、順序化、模組化、成套化。

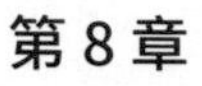

本質、實行與工具

精實生產是一種按照需要的量生產所需產品的生產方式，追求的是生產零庫存。在整個過程中，精實生產採取的做法是消除各環節上的不增值活動，其目的為降低生產成本、壓縮產品生產週期、改善產品品質。

◆ 精實生產的本質

精實生產是一種生產方式，該生產方式的目標為減少企業生產占用的資源，降低企業管理成本及營運成本。同時，

精實生產還是一種理念與文化。企業要實施精實生產，就代表企業要做好精益求精、追求卓越與完美，這是一種支撐企業不斷超越與發展的信念，也是一種不斷學習、獲得自我滿足的精神境界。

從本質上來講，精實生產是一種管理過程，這個管理過程包括以下內容，分別是：精簡人事組織管理結構，消除冗餘的中間管理層，建構扁平化的組織結構，削減非直接生產人員的數量；實行均衡生產、同步生產、彈性生產，實現零庫存；建立品質控管體系，消除不良產品；減少生產過程中的浪費現象；推行拉動式及時生產。

在精實生產方式下生產出來的產品，無論是產品數量，還是產品價格，都能極大地滿足顧客需求。因此，精實生產消除了各個生產環節中產生的浪費，以盡善盡美為目標持續改善、優化，將生產環節中所有不增值的工作及職位消除殆盡，確保每一個生產活動、每一個人都能創造價值。在這種情況下，面對市場需求，企業能做出快速反應，在短的時間內為其提供高品質、低價格的產品，充分滿足其需求。

收集 50 年來精實生產的應用案例可發現，專注於時間與效率的精實生產不僅能使系統的穩定性得以有效提升，還能將產品生產時間縮短 90%；使產品庫存減少 90%，使市場缺陷降低 50%，使不良率下降 50%，使產品生產的安全指數提升 50%。

◈ 精實生產工具

1）6S 與目視控制

6S 理論起源於日本，其內容是整理（SEIRI）、整頓（SEITON）、清掃（SEISO）、清潔（SEIKETSU）、素養（SHITSUKE）、安全（SECURITY）。採用 6S 理論，企業能實現組織化，並使其得以持續保持；能使工作場地保持整潔，提升使用效率；能對人進行教育、啟發，培養良好的工作習慣及生活習慣。

目視管理是一種利用視覺進行管理的方法，該方法藉助各種感覺對行感知，安排現場生產活動，從而提升生產效率。採用目視管理，企業能在很短的時間內對正常與非正常的生產狀態進行辨別，實現資訊的快速傳遞、正確傳遞。

2）及時生產

及時生產起源於日本豐田汽車公司，倡導「只在需要的時候，依需要的量生產需要的產品」。藉助這種方法，企業能建構一種零庫存或最小庫存的生產系統，減少浪費，實現高效生產。

3）看板管理

看板是一種目視化管理的重要工具，藉助該工具能讓生產訊息實現精簡化、整合化傳遞，能切實提升生產工廠的管理效率，能即時掌握生產計畫、生產目標、現場活動、管理成果等訊息。應用不同，看板的類型也不同，比如用於物料管理的看板就稱為物料看板，用於生產管理的看板就稱為生產看板等等。

以生產看板為例，對看板的功能及應用進行詳解。

在實際的生產過程中，生產看板的功能主要是在生產現場即時釋出生產計畫；即時統計產量；將缺料、裝置故障等情況及時告知相關人員；對異常流程進行追蹤，督促相關人員對其進行及時處理；統計分析各生產線的生產效率；對各種異常情況的發生次數及發生時間進行統計分析。

另外，針對不同的作業人員，看板的功能也不同。

比如，對於管理層人員來說，透過看板他們能即時掌握生產線上的所有情況；對於工廠經理來說，透過看板他們能對生產線上的作業情況進行充分了解；對於作業人員來說，透過看板他們能對前後製程的生產狀況進行了解，能按時間從事生產工作，能切實提升生產效率；對於裝置維修人員來說，透過看板他們能迅速確定需要維修的裝置，提升裝置維修效率；對於倉庫管理人員來說，透過看板他們能即時掌握生產線的用料情況，確保物料能實現持續供應；對於 QA（Quality Assurance，品質保證）主管來說，透過看板他們能對產品品質、不良產品率、缺陷分布進行即時掌握；對於 QA 工程師來說，透過看板，他們能對不良品率過高的環節進行優化處理，確保產品品質……

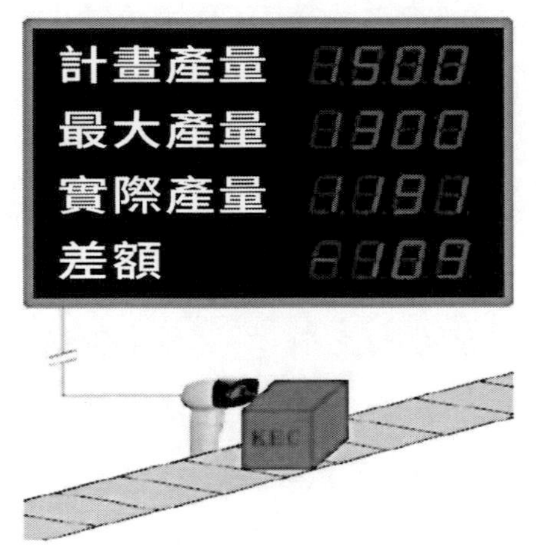

圖 生產看板應用效果範例

4）零庫存管理

在供應鏈管理中，工廠庫存管理是非常重要的一個環節。以製造業為例，提升庫存管理品質及效率，能將原材料、半成品及成品的滯留時間縮減到最短，能使無效作業時間及等待時間有效縮短，將缺貨事件的發生率降為 0，將客戶對成本、品質及交易期限的滿意度提升到最佳。

5）全面生產維護

全面生產維護（Total Productive Maintenance, TPM）倡導全員參與裝置系統設計，提升裝置品質及安全效能，提升裝置的利用率，將故障發生率降到最低，以降低企業生產成本，全面提升企業生產效率。

◆ 精實生產的實施過程

1. 布置生產線或者裝置。根據流程選擇裝置種類，對其進行優化布置；根據生產時間合理設定裝置數量；以「U」字型對裝置進行布局，統一裝置的作業方向，縮小裝置間的距離。

2. 做好製程間半成品的物流儲存工作。一般來說，半成品的儲存場地應設定為生產現場，改善儲存問題，對半成品的最大儲存量及最低訂貨量進行合理設定，採用「5S」模式對其進行裝置管理，依據「單件生產」的原則安排物流，合理選擇儲存方式，根據儲存方式選擇相應的物流裝置。
3. 做好生產線的物流供應工作。生產線的物料供應要依據「多次、少量、準時制」的原則來進行，確定供貨儲存區域，合理設定儲存量及物流規則，科學選擇物流裝置。
4. 科學選擇生產作業方式，按照「一人多機」安排生產活動；
5. 合理配置人員。人員配置要按照人機作業時間分離的原則來進行，將作業循環時間設定為恆定時間，在作業內容方面採取重複作業。
6. 合理安排生產計畫。企業的生產量及生產進度要根據各個製程的生產能力與生產時間來設定，整合銷售計畫和生產計畫，推行「平準化」原則。

◆ 精實生產實施常見問題點

企業在即時精實生產的過程中經常出現以下問題：

1. 企業管理人員及作業人員的生產觀念並沒有發生實質性的改變，不能有效配合，使得精實生產的預期目標難以實現；
2. 很多企業都希望精實生產能達到立竿見影的效果，過於急功近利，使精實生產的作用難以得到有效發揮；
3. 很多企業在導入精實生產時都沒有找到一個最佳的切入點，使得精實生產的應用效果不佳，難以使員工深刻認知到精實生產的好處，難以激發員工落實、推行精實生產的積極性和主動性；

4. 企業在推行精實生產之前沒有做好試行工作，使精實生產在推行的過程中出現了諸多問題，對整體應用效果產生了不良影響。
5. 在作業現場沒有做好「5S」管理工作，現場人員的「5S」素養沒有得到有效的培養，工作態度不好，使得精實生產的推行效果不佳。
6. 企業員工認為推行精實生產是工程師的責任，與其他部門及人員無關，使得企業各部門配合合作效果欠佳。在這種情況下，即便有好的方案，也難以充分發揮精實生產的應用效能。

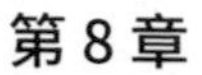

根據企業供應鏈的精實成本管理

企業在激烈的市場競爭中是占據優勢地位還是處於劣勢地位，主要取決於其是否具有相對的成本優勢和差異化優勢。判斷企業是否具有競爭優勢的標準有兩個，其中之一就是低成本。從這個角度來說，做好成本管理工作，降低企業營運成本，是企業經營策略中的重要內容，對於提升企業競爭力來說有重要影響。

隨著經濟發展，全球範圍內企業競爭的擴大化，成本管理的含義被重新整理，其目標從利潤層面延伸到了供應鏈成本管理和精實成本管理層面，這兩個層面隸屬於企業策略層面的內容，說明，企業成本管理已深入企業策略，成為了企業策略的重要內容。

◆ 供應鏈成本管理

現如今的市場環境瞬息萬變，在這種市場環境下，企業不僅要生存，更要實現長久的發展。因此，企業的成本管理目標必須以「客戶滿意」為基礎，將目標觀從「利潤」、「資產」轉向「為客戶創造價值」，幫助企業建構競爭優勢，從而形成持久的經營能力。

隨著經濟的發展，現代企業的競爭領域已從產品或服務轉向了企業供應鏈。從本質上來講，企業的競爭就是企業供應鏈的競爭。企業供應鏈各環節，比如供應環節、製造環節、分銷環節等的資源能夠實現優化配置，供應鏈成本就能顯著降低，供應鏈競爭力就能明顯增強，供應鏈各節點企業成本也能隨之降低，企業競爭力也能隨之增強。

精實成本管理指的是在為客戶創造價值的前提下，以降低供應鏈成本為目標，對供應鏈成本進行優化管理的一種成本管理方法，其精髓為供應鏈成本最小化，其具體做法為消除供應鏈中的不增值行為，減少浪費，降低供應鏈成本，提升供應鏈效率，滿足客戶多樣化的需求，提升企業競爭力。

要想達到上述目標，找到降低供應鏈成本，實現供應鏈成本最小化的方法，首先要知道什麼是供應鏈成本，供應鏈成本如何計算？

供應鏈成本指的是以確保供應鏈正常執行為目標而支付的各種費用之和，其內容非常豐富，不同的學者有不同的理解。國外某些學者從供應鏈作業過程出發將供應鏈成本劃分成了 7 部分，分別是取得成本、培訓成本、執行成本、倉儲成本、維護成本、環境成本、回收成本。這種供應鏈成本劃分有一個非常大的缺陷，一般來說，成本類型不同，其對供應鏈的影響不同，在供應鏈中的地位也不同，而這種供應鏈劃分顯然沒有考慮到這一點，不能指導相關人員對供應鏈成本中的關鍵成本進行有效管控。

綜合上述因素，我們對供應鏈成本作業過程相關性、影響供應鏈競爭力及客戶滿意度的成本進行綜合考慮，將供應鏈成本劃分成了 5 部分，分別是採購成本、生產成本、設計成本、物流成本、服務成本。

◆ 精實成本管理

精實成本管理是一種新興的成本管理理念，該理念的思想是為客戶價值增值，整合了精實採購、精實生產、精實設計、精實物流、精實服務等多項技術，是成本管理思想與精實管理思想的結合體。由此可見，精實成本管理從採購、生產、設計、物流、服務等多角度出發對企業的供應鏈成本進行了全方位控制，優化了企業的供應鏈成本，增強了企業的競爭力。

精實成本的管理思維很多，呈現出了多元化的特點，在這些思維的引導下，精實成本管理建構了一個複雜的方法體系。這些思維與方法相互影響、相互支持，一種方法為另一種方法的實現提供了支持，方法又為思維的落實提供了保障。在這種情況下，如果將某種思維或者方法單獨拿出來進行分析，就很難對精實成本管理的精髓進行精準地掌握。只有將這些思維與方法組合起來，建構一個體系完整的精實成本管理系統，才能將每種方法的作用發揮出來，才能推動系統的最終目標得以實現，這個最終目標指的是企業經營生產達到品質好、成本低、品種多、效率高的目標。除最終目標之外，精實成本管理還有最高層次的目標 —— 不斷提升企業競爭力。

精實成本管理以供應鏈出發，在 ERP 系統的作用下匯聚各種供應鏈訊息，來實現成本管控，完成精實成本管理的目標。其中，精實生產以杜絕供應鏈環節中的各種浪費為宗旨；作業成本管理從作業動作角度切入，為精實成本管理奠定了基礎；敏捷製造以「速度」和「滿意度」為目標，切實提升企業的綜合競爭能力；在 ERP 系統的作用下，供應鏈資訊系統實現了整合化、準確化、即時化，各種業務運作流程得到了有效梳理。

精實成本管理在供應鏈成本的各個方面，從供應鏈成本角度對其進行劃分，可將精實成本管理劃分為以下 5 項內容：

1）精實採購成本管理

相關研究顯示，在企業的銷售收入中，採購費用占比 40% 至 60%。由此可見，在企業供應鏈成本中，採購成本占較大的比重。所以，要想降低供應鏈成本，降低採購成本是關鍵。

精實採購成本管理從採購的角度切入，在科學決策和有效控制雙重方法的作用下對企業的採購行為進行規範，以品質、服務、價值等要素為依據，按需求採購，降低進價，杜絕浪費。精實採購成本管理可以透過以下做法來實現。

1. 精實採購成本管理的實現必須以精實採購為支撐，建立健全企業的採購體系，使採購工作實現規範化、制度化；建立透明的決策機制，在必要的情況下推行招標採購制度，實現資訊公開化，確保採購品質的同時，壓低採購價格，控制採購成本。
2. 根據公開、公正的原則，使用定向採購方法優化供應商的選擇，與合適的供應商建立長久的策略夥伴關係，穩定物料的供應管道，降低採購成本。定向採購方法指的是在選擇供應商的時候，根據物料種類，透過對品質、技術、服務、價格等要素的綜合分析，來選擇最佳的供應商。
3. 與供應商簽訂物料協定，其內容是供應商要在企業需要的時候為其提供數量合適、品種相符、品質優質的物料，以達到實施採購、縮短提前期、減少庫存的目的。

在精實採購的作用下，採購過程的每個環節、每項成本都實現了精實化控制，在此過程中，精實成本管理思想充分展現了出來。

2）精實設計成本管理

產品設計階段是精實成本管理的重點，對企業競爭成敗有重要影響。相關資料顯示，從成本的角度來看，80% 的產品成本都起源於產品設計階段。因此，在產品設計階段要做好成本規劃工作，具體來說要做到以下幾點。

1. 確定新產品的開發任務，規定新產品開發的目標成本。目標成本是在綜合考慮市場預測的產品售價、企業中長期計畫目標利潤的情況下，透過售價減法公式的計算確定的。
2. 按照產品結構對目標成本進行分解，將其在產品各個總成本和零件上展現出來。
3. 在產品開發的過程中，分階段對目標成本的落實情況進行預測和分析。
4. 根據分析過程中發現的問題，在價值分析法的作用下，對降低成本的方法進行研究，確保目標成本能得以有效控制。

在產品設計任務中，新產品的目標成本與產品的主要效能指標、品質指標一樣，能對產品的開發工作產生指令作用。在新開發出來的產品沒有達到目標成本，又不能改進的情況下，它就會將新產品困住，防止其貿然地進入市場。

為保持新產品目標成本控制工作的有效性，產品開發業務人員的素養必須高，其中產品設計人員必須兼具產品設計開發技術與成本業務知識；成本控制人員必須兼具技術經濟分析技能與產品設計製造技能。

3）精實生產成本管理

精實生產成本管理是在產品生產階段，透過消減產品生產過程中的各種浪費而開展的降低成本的活動。具體來講，精實生產成本管理的方法有以下幾種。

1. 透過改善製造技術來降低成本。產品製造必須在兩種技術的輔助下才能完成，一種是生產技術；另一種是管理技術，指的是對現有裝置、材料、人員、零件等進行熟練使用的技術。其中，管理技術對精實成本管理方法的推廣應用有非常重要的作用。

2. 做好技術工程及價值分析工作，將技術與經濟相結合，確保必要功能的同時，將成本降到最低。

3. 做好精實生產工作，將生產鏈中的一切浪費消除殆盡，以實現精實生產成本管理的目標。精實生產的實現需要藉助全體員工的力量，其特徵有兩點，一是團隊活動，二是全體員工自覺。

精實生產是一場變革，要實現精實生產，僅實現生產技術自動化、生產管理現代化是不夠的，還需要實現員工現代化，促使員工發揚團隊精神實現自覺。員工的自覺與精實生產的實現密切相關。

精實生產對員工素養的要求以下：員工的思想觀念要新，要樹立市場觀念、集體生產觀念、主角意識和精實思維，這些思想與意識都與精實生產的實現密切相關。另外，還要鼓勵員工實現自主管理。員工的業務技術要精，專業，通才，具有管理技術及技術能力，並能夠參與這兩方面的工作。員工要做好團隊合作工作，切實發揮團隊精神，藉助集體智慧解決生產難題；員工要具有強烈的精實精神，在日常工作的過程中將精實思維切實展現出來，消除一切浪費，實現生產過程的持續改進與完善。

第四，使用作業成本管理，控制生產成本。作業成本管理是在作業的基礎上形成的成本管理方法，其重心在作業領域，其目標為提升客戶價值。作業成本管理透過兩項成本分析對產品的資源消耗率進行有效判別，這兩項成本分析分別是，一，作業對資源消耗過程的成本分析；二，產品對作業和資源消耗過程的成本分析。透過對資源消耗率的分析，企

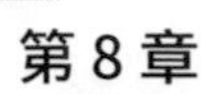

業能夠有效區分有效作業與無效作業、增值作業與非增值作業，將無效作業和非增值作業消除殆盡，使生產成本控制工作從產品級成功進化到作業級，展現精實成本管理思維。

4）精實物流成本管理

在企業的供應鏈成本中，物流成本占比較高。物流成本包含的內容很多，有運輸成本、倉儲成本、存貨成本、管理費用等等。對於精實物流成本管理來說，其根本目標就是以確保客戶的價值需求為前提，使物流成本實現最小化。

精實物流成本管理可以藉助精實物流來實現。精實物流要求將客戶需求視為中心，從客戶的角度出發來區分創造價值的活動與不創造價值的活動；對產品採購、產品設計、產品製造、產品分銷等環節進行分析，找到其中的浪費節點；結合「五不原則」制定創造價值流的行動方案，其中五不指的是不間斷、不倒流、不迂迴、不出廢品、不等待；及時創造客戶驅動價值，及時消除其中的浪費環節，盡力做到最好。

透過精實物流成本管理，能有效改善物流品質與效率，降低物流成本，實現物流成本的精實化管理。

5）精實服務成本管理

精實服務成本指的是滿足客戶需求的最小服務成本。服務成本是企業支出的一部分，其目的是透過服務增加客戶價值，以相同的產品價值吸引更多的顧客。一般來說，企業支出的服務成本越多，能為顧客提供的服務專案也就越多，顧客的滿意度也就越高。為了增強企業的競爭力，企業對顧客服務的重視程度越來越高，服務成本在企業供應鏈成本中的地位也越來越高。

儘管顧客滿意度、產品銷量與服務成本支出成正比，但並不代表服務成本支出越多越好。因為服務成本屬於企業成本的一部分，服務成本支出越多就代表企業總成本越高，如果企業為客戶提供的服務超出了客戶期待的滿意水準，就會違背成本效益原則，造成資源浪費。精實服務成本管理的目的就是控制服務成本，讓企業為客戶提供的服務達到客戶預期的滿意水準即可，其思想精髓就是在滿足客戶需求的同時將服務成本的浪費降到最小。

總之，精實成本管理是以供應鏈成本分析為基礎，增加客戶價值，將整個供應鏈成本降到最低的成本管理理念。該理念與傳統的成本管理理念不同，將成本控制的目的從利潤最大化轉向了客戶滿意度，有效地開拓了成本管理的思維空間。

流程革命，重塑企業效能的管理之道：

企業經營 × 智慧成本管理 × 風險控制與流程重建打造高效流程，實現企業策略經營的利潤之道

作　　者：成偉
發 行 人：黃振庭
出 版 者：財經錢線文化事業有限公司
發 行 者：財經錢線文化事業有限公司
E-mail：sonbookservice@gmail.com
粉 絲 頁：https://www.facebook.com/sonbookss/
網　　址：https://sonbook.net/
地　　址：台北市中正區重慶南路一段六十一號八樓 815 室
Rm. 815, 8F., No.61, Sec. 1, Chongqing S. Rd., Zhongzheng Dist., Taipei City 100, Taiwan
電　　話：(02)2370-3310
傳　　真：(02)2388-1990
印　　刷：京峯數位服務有限公司
律師顧問：廣華律師事務所 張珮琦律師

定　　價：375 元
發行日期：2024 年 03 月第一版
◎本書以 POD 印製

國家圖書館出版品預行編目資料

流程革命，重塑企業效能的管理之道：企業經營 × 智慧成本管理 × 風險控制與流程重建打造高效流程，實現企業策略經營的利潤之道 / 成偉 著 . -- 第一版 . -- 臺北市：財經錢線文化事業有限公司, 2024.03
面；　公分
POD 版
ISBN 978-957-680-808-1(平裝)
1.CST: 企業經營 2.CST: 企業管理
494　　113002577

電子書購買

臉書

爽讀 APP